琼岛遗珠
海南坡鹿

HAINAN ELD´S DEER

庄智一　张维赟　编著

上海科技教育出版社

中国大鲵

岩羊

震旦鸦雀

中国珍稀物种探秘丛书

主　编：王小明

副主编：李　伟

扬子鳄

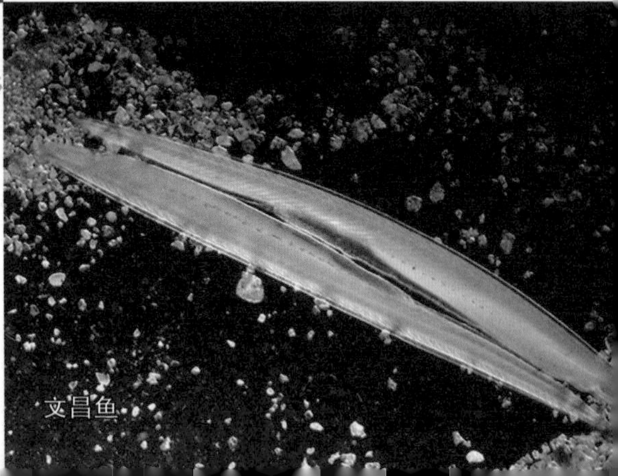

文昌鱼

海南坡鹿

藏狐

项目支持：

上海科普教育发展基金会

上海市科学技术委员会

上海科技馆

淞江鲈

大熊猫

金丝猴

总序

国家“十二五”规划建议明确了“深入实施科教兴国战略和人才强国战略，加快建设创新型国家”的要求，并提出要“推动文化大发展大繁荣，提升国家文化软实力”的方针。为了弘扬科学精神、推进科学传播，提升公众的科学素养，《中国珍稀物种探秘丛书》第一部《两栖之王——中国大鲵》出版了。这套丛书凝聚了众多优秀科学家的最新研究成果，体现了各级领导的关怀和社会各界的支持。谨此，我代表上海科技馆理事会和上海科普教育发展基金会，对系列丛书的出版表示热烈的祝贺。

中国是一个拥有丰富动植物资源的国家，以大熊猫、金丝猴、朱鹮、扬子鳄、中国大鲵和中华鲟为代表的特有珍稀物种繁衍于中华大地，见证了自然历史和人类文明的变迁。了解这些物种生存的历史和现状，探索人类与自然共存的基本法则，唤起人们热爱自然、保护自然、促进人与自然和谐相处的意识，这是我们科学工作者的责任和义务。

本系列丛书的主编王小明教授是我国著名的动物学家。在他的指导下，上海科技馆科普工作者们与工作在各领域的科学家紧密合作，通过细致入微的观察、探究、考证，用朴实、充满情趣的写作风格，为我们展现了不同物种的栖息环境和特有的生物学知识。作品还探究了不同物种与中国历史、文化的渊源，将科学普及与文化传播结合起来，既丰富了内容，又增添了可读性。

《中国珍稀物种探秘丛书》与《中国珍稀物种》系列科普纪录片，是依托不同传播媒介的姐妹作品。纪录片《中国大鲵》在上海电视台播出后，得到了广大群众的好评和喜爱。我相信，在此基础上推出的系列丛书第一部《两栖之王——中国大鲵》，将会进一步增进公众对该物种的认知，并为后续推出扬子鳄、岩羊、震旦鸦雀等纪录片和图书，打下良好的开局。

上海科技馆的科普工作者和相关领域的学者、专家对本系列丛书和科普纪录片的创作，为激励科普研发、培养科普人才和探索科普文化产业发展途径树立了一个典范。推动文化发展、提升国家文化软实力任重而道远，我相信本系列丛书和纪录片的创作将成为众多科学家和公众参与的科普教育平台。

本系列丛书和纪录片的出版，不仅得到上海科技馆和上海科普教育发展基金会的支持，更得到了上海市科学技术委员会、华东师范大学、中国科学院昆明动物研究所等相关政府部门和社会多方面的鼎力支持。我衷心希望有更多的政府部门和社会各界对科普教育事业和科普文化产品的研发给予关注和支持。随着本系列丛书的出版，也预祝有更多的后续科普项目能早日策划和实施。

左焕琛

● 全国政协常委 ● 上海科技馆理事长 ● 上海科普教育发展基金会理事长

2010年12月

本书序

在大家的共同努力以及多方的支持下,《中国珍稀物种探秘丛书》的成果已越来越丰富,如今,其第九分册《琼岛遗珠——海南坡鹿》也与广大读者见面了。

说起中国的鹿类,人们首先想到的肯定是梅花鹿和麋鹿,但殊不知在海南岛上,还有一种中国特有的原生鹿类——海南坡鹿,这也是人们所熟知的古代传说故事"鹿回头"的原型。海南坡鹿曾广泛分布于海南岛全境,但随着人类活动的加剧以及捕猎活动的猖獗,一度濒临灭绝,之后,在政府的大力支持和科研人员的艰辛努力下,终于使海南坡鹿这一物种留存下来。本书也正是以此为线索,不仅介绍了海南坡鹿的形态与习性,也对海南坡鹿的保护乃至整体的环境保护作出了思考。希望海南坡鹿的遭遇能给人们敲响警钟,前人为挽救海南坡鹿所付出的努力也能为后人所珍惜。

科普图书作为科学传播的一个重要媒介,在科普事业发展过程中发挥着独特的作用。然而,科普图书的创作并非易事,需要创作者兼具良好的科学素养和扎实的文学功底,并具有创作的热情。在本书的创作过程中,两位年轻的作者花费了大量精力查阅资料、实地考察、拜访专家,并就科学内容和创作形式等进行了多番讨论,她们对科普创作的认真与热忱,让我欣喜非常。同时,也非常感谢诸多专家、领导以及同仁所给予的支持和鼓励,是你们的无私帮助,使本书得以顺利出版。此外,本书也与科普纪录片《海南坡鹿》互为呼应,希望多元化的科普创作能为科普事业注入新的活力。

最后，愿本书能为广大读者所喜爱，希望通过此书，能让更多人了解海南坡鹿的历史和未来，并促使更多人主动思考如何进行环境和生物多样性保护的问题。同时，也希望这部生动有趣的科普作品能吸引更多人投身到科普工作中来，为推动我国科普事业的发展而努力。

王小明

● 中国动物学会副理事长 ● 华东师范大学终身教授 ● 上海科技馆馆长

2015年12月于上海

目录

第一章　失落的家园

第一节　古老的传说

狂奔，狂奔，是猎人的穷追不舍；狂奔，狂奔，是坡鹿的奋力逃跑。一直追到悬崖边，猎人张弓搭箭，宣告坡鹿即将踏上黄泉之路，一切似乎都尘埃落定，再无回转的余地。然而，正是在这千钧一发之时，坡鹿蓦一回首，化身翩翩少女，施施然向猎人走去，成为猎人的新娘。这是海南岛著名的“鹿回头”的故事，故事简单，却极富戏剧性，从一开始的彼此敌对，到最后的相亲相爱，这种残酷与温情的相互映衬，恰如其分地反映了我国自古以来人对鹿的复杂情感。

一方面，人们认为鹿是美丽、富有、

图 1-1　猎人背着弓箭穷追不舍，坡鹿奋力逃跑（莫茵绘）

图 1-2　坡鹿停在悬崖边上，猎人张开弓箭瞄准（莫茵绘）

图 1-3　坡鹿回头变成少女（莫茵绘）

图 1-4 少女与猎人举办婚礼，结为夫妻（莫茵绘）

和平、长寿等的象征。“丽”的繁体字“麗”就是由“丽”和“鹿”上下组合而成，仿佛一头头顶鹿角的鹿。鹿的寿命比较长，同时，由于生性胆小，行踪比较隐蔽，常常被人与“仙”联系起来，获得“仙鹿”的美称，并常以仙人坐骑的形象出现。另外，鹿与“禄”谐音，传说“福、禄、寿”三仙为天界三仙，为人间传布吉祥，鹿因而也象征吉兆。鹿还与美好的爱情相联系，古人嫁娶之时，男方要送女方两张鹿皮作为聘礼，《通鉴外纪》上记载：“上古男女无别，太昊始设嫁娶，以俪皮为礼。”后人称夫妻为伉俪，而俪皮就是成对的鹿皮[58]。成语“鹿车共挽”和“鸿案鹿车”，也是借鹿之名表达夫妻同心、相互尊重、相互体贴、同甘共苦之意。

然而，关于鹿，还有另外两个成语——“群雄逐鹿”和“逐鹿中原”。在这里，鹿是权力的象征，与权力斗争联系在了一起，它不再寓意平和安宁，而成了动荡不安的源头。之所以会有这样的比喻，是因为在石器时代，乃至青铜武器出现后的相当一段时期内，人类还处于比较原始的发展阶段，如果发生战争，可用来制作武器的材料并不多，鹿角往往是比较理想的武器。因此，哪个部落能追逐并得到鹿群，这个部落赢得战争的胜算就非常高。于是，鹿就成了权力的象征。事实上，人类的确从未停止过对鹿的杀伐与控制；人们建立鹿苑，将鹿据为己有，用以观赏和狩猎，以彰显自己的身份；同时，鹿肉、鹿茸、鹿骨、鹿皮的各种使用价值，更是进一步让鹿成为人类猎杀的对象。

关于鹿，还有一个“九色鹿”的故事。说的是一头鹿，毛有九种颜色，头上的角像雪一样白，它救了一名落水之人，此人非常感激，发誓愿为九色鹿做牛做马。九色鹿表示无须如此，只要不将其行踪暴露即可。然而，这个国家美丽的王后有一天梦到了一头身披九色的鹿，醒来后执意要取其毛皮做成衣服。国王遂张榜悬赏，以获取关于九色鹿的信息。这个被九色鹿所救的人无法抗拒悬赏的诱惑，向国王透露了九色鹿的行踪。国王带队去捉九色鹿，找到鹿之后，九色鹿愤怒指责此人恩将仇报。国王了解事实原委之后，命全国子民不得伤害此鹿，而那个忘恩负义的人则被扔进了湖里。这个故事充满着人类与鹿关系的隐喻。鹿象征着健康长寿、寓意着美丽善良，然而，它自身却往往无法安康平稳地过完一生，总是面对着各种血腥的杀戮。人类一方面赞颂鹿，一方面又追杀鹿。

海南坡鹿的命运又是如何？它是否像“鹿回头”的故事所描述的那样，最终与人类和谐相处？它自身又有哪些特点？

第二节　身世之谜

海南坡鹿(简称坡鹿)是中国国家一级保护动物,别名眉角鹿,隶属于脊索动物门哺乳纲偶蹄目鹿科鹿亚科泽鹿属,是泽鹿家族中的一员。目前,世界上公认的泽鹿亚种有三种:指名亚种(*eldii*)(印度亚种)、缅甸亚种(*thamin*)和泰国亚种(*siamensis*)。对于海南坡鹿的分类地位,学界仍存在争议,国际上目前还未承认海南坡鹿的亚种地位,而是将其作为泰国亚种在海南岛上的一个种群。因为根据对三个亚种以及海南坡鹿线粒体单倍型的研究发现,海南坡鹿与泰国亚种的亲缘关系最近。然而,海南坡鹿的单倍型与泰国亚种的三种单倍型之间存在比较大的遗传距离,说明两者已经发生了一定程度的遗传分化。从形态特征来看,海南坡鹿与泰国亚种相比也存在着明显的区别(表1-1)。因此,我国学者认为海南坡鹿应该属于一个独立的亚种。海南坡鹿的身世究竟如何?我们不妨从地质学和遗传学的角度出发,寻找其中的一些蛛丝马迹。

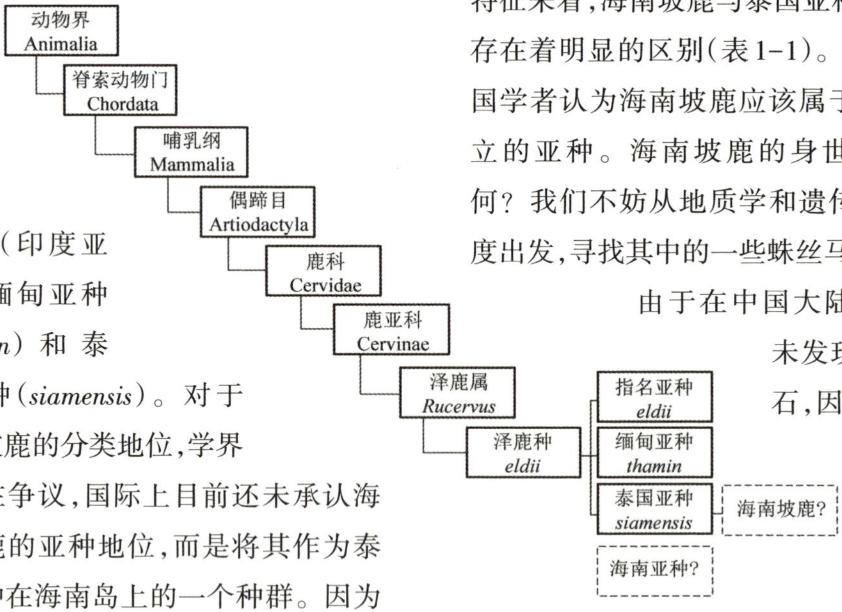

图 1-5　海南坡鹿分类地位之谜

由于在中国大陆地区从未发现坡鹿化石,因此,坡鹿

表 1-1　海南坡鹿与泽鹿泰国亚种形态特征对比

形态特征	海南坡鹿	泰国亚种
体重	小于100千克	大于100千克
毛色	红棕色	黄褐色
斑点	背脊中线两侧和臀部有明显的白色斑点	没有白色斑点
角型	只有眉枝和主干，角的末端呈圆锥状	除眉枝和主干外，在主干上还生有较短的叉，角的末端呈扁平状

表 1-2　泽鹿三个亚种简介

亚种名称	分布范围	目前境况
指名亚种（印度亚种）	印度和缅甸交界的地区	种群数量为180头，栖息地面临因修建水利工程而被淹没的威胁，国家没有采取有效的管理和保护措施。
缅甸亚种	缅甸、泰国	泰国：野生种已灭绝，仅在动物园中还有一定的圈养种群(1000～1500头)； 缅甸：尚有一定数量的种群(约2500头)，但是面临栖息地被分割和严重的狩猎威胁，国家没有采取有效的管理和保护措施。
泰国亚种	泰国、越南、老挝、柬埔寨	泰国：灭绝 越南：5～7头 老挝：30～42头 柬埔寨：估计还有200头左右，但是国家没有采取任何保护措施。 估计在全球范围内野生和饲养种群数量不足500头，属世界性的濒危动物。

图 1-6　雌鹿（崔滢供图）

图 1-7　雄鹿

应该来自隔海相望的东南亚大陆（包括缅甸、老挝、柬埔寨等）。鹿科动物线粒体单倍型上的碱基替代率为每百万年3.6%，由此进行推测，海南坡鹿与泽鹿的泰国亚种大约在69万年前产生分化。那么泽鹿是如何跨海来到海南岛的呢？可能是有赖于更新世（距今200万年～1万年）的冰期，在冰期时，海平面下降了80米左右。而海南岛南海沿岸的北部湾水深较浅，全年基本都在50米以内，冰期时，海南岛与东南亚大陆之间就形成了可供陆生生物迁移的陆桥，泽鹿应该就是在这段时间来到海南岛定居的。在三亚地区的"三亚落笔洞"遗址中，科学家发现了一块疑似坡鹿的鹿角的化石，该遗址距今约1万年，虽然远晚于距今69万年的推测，但从化石的角度印证了海南坡鹿已独立进化了很长时间。

坡鹿在鹿类家族中属于中等个头，体型比梅花鹿略小，头、颈和躯干长得十分匀称，四肢更是非常修长，身形矫健，体态轻盈，看上去非常清秀。成年雄鹿的个头与成年人差不多，雌鹿则要

图 1-8 身形优美（崔滢供图）

比成年人矮一些。可以看出，雄性个头明显大于雌性。雄性头上还顶着一对漂亮的鹿角，其角型比较奇特，角的主干与眉枝从角基部呈钝角分开，眉枝向前伸出再稍向前上方弯曲。主干先向后伸长，再向上向前弯曲，呈一个弯弓型。整个角型似英文字母“C”，主干上基本不分枝。

坡鹿非常机警，视觉和听觉都极其灵敏，能分辨出很细微的可疑声响。如有异动，坡鹿会密切注意事态发展，它们的眼睛会注视异动的方向，两只耳朵则像雷达一般不停转动方向，以接收信息。若有危险，坡鹿便会发出高昂的叫声并随时准备拔腿逃跑。坡鹿的跳跃奔跑能力非常强，能轻巧地跳过3米高的障碍物，跳跃的距离可达八九米之远，腾跃姿势非常优美，受惊逃跑时如

知识驿站

线粒体单倍型：存在于线粒体中的，来自母亲一方的遗传信息。这一遗传信息通常非常稳定，因此，可以将单倍型的数据作为遗传多样性研究的一个重要指标。

图 1-9　轻巧跳跃(崔滢供图)

离弦之箭。因此,也有人形象地称坡鹿为“飞鹿”。可以说,坡鹿是非常胆小而机敏的动物,就连休息的时候,它们也多是臀部朝里,头角朝外,以便及时发现异常而逃离。但同时它们又有很强的好奇心,对不明情况的扰动,有时会驻足观望一段时间,甚至还会主动走近看个究竟,然后再跑开;在逃跑的过程中也是一步三回头,跑几步会停下看看情况,若感觉危险解除,则会恢复正常活动。坡鹿也非常留恋家园,即使被反复驱赶,也会尽量进行周旋,过一段时间又会重返家园。然而,正是这种习性给偷猎者留下了可趁之机……

图 1-10　会“飞”的鹿(崔滢供图)

第三节　濒危！濒危！

坡鹿曾经几乎遍布海南全境。根据海南地方志记载，明朝和清朝时期，在海南岛东部和中部的澄迈、琼山、琼海、定安、崖州（今三亚）、陵水、万州（今万宁）、临高等地均有坡鹿分布。海南岛上植被茂盛，岛上低山丘陵地带的稀疏草原是坡鹿理想的栖息地，也没有大型肉食动物对坡鹿构成威胁，坡鹿曾一度在岛上过着无忧无虑的生活，宛若置身于世外桃源。

然而，桃源的生活或许终究只是一种理想。随着人口数量的不断增加，坡鹿的栖息地与人类的居住地之间发生了重叠。由此，人类与坡鹿之间产生了一系列矛盾冲突，人类要发展农业生产，坡鹿要食用植物维持生命，人类耕地的增多意味着坡鹿栖息地的减少，这已然对坡鹿的生存造成了威胁，坡鹿迫不得已就会进入农田偷食农作物。这样，人鹿之间就形成了对立，而坡鹿本身的食用和药用价值，更是进一步增加了人们捕猎的欲望，加剧了它们的生存危机。

进入20世纪之后，坡鹿的分布范围骤减。在20世纪50年代初期，海南坡鹿仅分布于屯昌、儋县、白沙、昌江、乐东和东方6个县20个乡200～300平方千米的范围内，种群数量在500头左右。60年代初期，国家派专家对海南岛的野生动物资源做了第一次摸底性普查。此时，坡鹿的分布范围进一步缩小，仅在海南岛西部和西南部的白沙、昌江、乐东和东方4个县的6个乡记录到坡鹿种群。

可以说，此时坡鹿的生存状况已经到了岌岌可危的地步。在调查过程中，考察人员听到的一些小故事为坡鹿的濒危状况提供了很好的注脚。1964年，国家组织的考察队到白沙县调查坡鹿的情况，县林业局的工作人员对考察队员这么说：“你们若要了解坡鹿的食用价值，到街上找长得肥胖健壮的人询问即可。因为只有那些吃过坡鹿的人才会长胖，才有健康的身体。”可以说，坡鹿对人体的有益作用在当时已经到了被神化的地步。据说当时有一副鹿茸被几经转手，价格达到1.3万元，在那个年代，这样的价格无疑为天价，相当于当地农民几年的收入。因此，当地猎人若能猎到坡鹿，会燃放鞭炮以示庆祝。受到利益的驱动，原本只是个别猎人在农闲时的狩猎活动，渐渐演变为不分昼夜的“兵团作战”。在这种“老幼皆猎人，四季皆行猎”的大环境下，坡鹿迅速进入了濒危状态。

坡鹿究竟有多大的食用和药用价值有待进一步研究，然而不论如何，人类利用自身的物种优势，肆无忌惮地捕杀一种动物，无疑是一种野蛮和短视的行为。在坡鹿和其他动物处于相生相克的平衡中时，人类仿佛是异军突起，拥有其他生物不具备的多种技能，站到了傲视群雄的位置上。然而，正是因为强大，才更需要理性和克制，不然人类的价值何在？事实上，经研究发现，动物中存在一种“精明的捕食者”策略——捕食者捕猎时不会将猎物赶尽杀绝，而是捕食其中的年老体弱者，并且一般不捕食数量较少的种群，这样才能确保猎物持续生存，从而使自己的食源获得持续保障。

图 1-11　竖起耳朵，警惕地向前方张望(崔滢供图)

第四节　保护者的网，偷猎者的枪

“砰！砰！砰！砰！砰！……”1981年10月，海南白沙县邦溪保护区仅剩的20头坡鹿被偷猎者全部猎杀。至此，邦溪保护区对坡鹿的保护以失败而告终。

随着坡鹿数量持续减少，海南大田保护区和邦溪保护区相继在1976年成立（当时名叫“保护站”，即大田国家级自然保护区和邦溪省级自然保护区的前身，除特别说明之处，本书均简称为大田保护区和邦溪保护区），当时位于东方县的大田剩余坡鹿26头，位于白沙县的邦溪则仅剩20头坡鹿。坡鹿的命运可以说岌岌可危，而1981年的这次猎杀事件，更是让仅存的坡鹿命悬一线。保护者希望为坡鹿建起守护的网，偷猎者却并未放下手中的枪，保护与偷猎，这场艰苦卓绝的战斗就此打响。

在保护区成立的最初几年，偷猎活动依旧十分猖獗，邦溪保护区的20头坡鹿就是一个血的教训。为了避免重蹈邦溪保护区的覆辙，大田保护区的工作人员夜以继日地巡逻，不敢有片刻放松。他们及时发现非正常死亡的坡鹿，并进行侦查，对偷猎行为进行打击。有时候，为了阻止偷猎者的偷猎行动，工作人员甚至要冒生命危险。

究竟有多危险？这里有一个真实的故事。在一个寂静的夜晚，突然，一声枪响划破长空，偷猎者吹响了进攻的号角。保护区的工作人员立时作出反应，与当地干警一起，整装出发，分成两组埋伏在偷猎者的必经之路上。时间一分一秒地过去，偷猎者始终没有出现；然而，工作人员及当地干警凭借自己的经验断定，偷猎者当晚一定会出动。果然，到了半夜，偷猎者扛着枪出现了！这时，埋伏了很久的工作人员跳出来大喝一声："站住！"然而，老练的偷猎者却并未被这势头吓住，反而举起火铳枪对准了工作人员的胸口。情势急转直下，就在这千钧一发之际，火铳枪的枪口突然被打飞，其他人马上一拥而上，将偷猎者制服。原来有工作人员趁偷猎者不注意，悄悄接近偷猎者，将其枪口往上打飞了。

当然，保护者与偷猎者的对峙并非总是如此激烈，有些时候，反而多了一些耐人寻味的成分。那是一个冬天，保护区的工作人员接到村民举报，说是有4名偷猎者潜入保护区，保护区工作人员迅速集结，设卡埋伏。然而，当偷猎者接近埋伏点时，有位工作人员一不小心发出了声响，偷猎者闻声而逃，工作人员则紧追不舍，冬天干燥，地上的树叶草木都被踩得咔咔作响。大家都跑得气喘吁吁，渐渐感到体力不支。不过，有一位工作人员却似乎并不尽力。原来，所追捕的偷猎者是他的同村人，他碍于情面，没有用尽全力，直到领导下达命令，他才最终抓获了这些偷猎

图 1-12　被偷猎者打伤和猎杀的坡鹿

者。他上前去，拍拍偷猎者的肩膀说："老兄，投降吧，不然我交不了差，饭碗不保啊！"

在大田保护区，很多护鹿者都是当地人，有些人甚至也曾经参与过猎鹿。例如，有一位名叫吴进良的护鹿员就曾猎过坡鹿，来到保护区之后，他了解到国家对坡鹿的重视以及坡鹿保护的意义，便投入到了护鹿的队伍中。当时，在保护区的西北角有一条从海口市通往大田县的必经之路，许多偷猎者都是从那条路潜入保护区。为此，保护区在那里建立了一个瞭望塔。白天，瞭望塔内有人值班，偷猎者往往不敢轻举妄动。然而，到了晚上，一旦夜间值班者下班，偷猎者就有了可趁之机。为了解决这一问题，吴进良带着家人搬进了瞭望塔，从此以瞭望塔为家，成为保护区的守夜人。瞭望塔周围没有居民，他们就与鹿为伴；没有水，他们就与坡鹿同饮一池水塘中的水；没有电，他们就点油灯、点蜡烛……这样的生活一直持续了十多年。

事实上，保护者与偷猎者并不是两个抽象的代表对错的符号，他们都是一个个真实的个体。在平时的生活中，他们可能是邻居、是朋友、是儿时的玩伴，他们也都可以是好丈夫/妻子、好父亲/母亲、好儿子/女儿。而很多人对动物保护的态度，也往往是对当下生活审时度势之后作出的选择，同一个人可能先后扮演过偷猎者与保护者两个角色。究竟如何作出选择，很多时候依仗的是国家政策的引导与科学研究、科学普及的力度，希望国家的重视和科研、科普人员的努力能在将来有一天让保护者这个职业消失，也让偷猎者这个称谓成为一个历史的符号。

图 1-13　夜幕下的瞭望塔

第二章　重生的希望

第一节　打响拉锯战

在邦溪保护区发生偷猎事件之后，当时，仅海南大田还存活有26头坡鹿，这是坡鹿最后的重生希望。它们当时生活在所划定的保护区内，却并不安全，保护区在成立之初由于资金限制及管理经验等问题，也并非一帆风顺，坡鹿在重生与灭绝之间所经历的是一场漫长的拉锯战。

1976年，海南岛还是隶属广东省的一个行政特区。当时，在东方县的大田地区成立了广东省海南行署东方县大田珍稀动物保护站，隶属于海南行署东方县林业局，是一个省级保护区，即海南大田国家级自然保护区的前身。在保护站成立之初，条件非常艰苦，保护站工作人员在摸索中艰难前进。最初，划定的保护站的管理范围为2533公顷，在开始几年，土地均属国家所有，村民与坡鹿之间还能相安无事。然而，到了1980年，随着改革开放的推进，开始实行土地承包到户的政策，村民与坡鹿之间的冲突日益凸显。当地村民认为坡鹿侵占了农田，损坏了庄稼。除此以外，当地政府也开始从经济发展的角度考虑，将坡鹿的栖息地用作其他用途。1981年，东方县政府便将保护站867公顷土地用于兴建东方示范牧场。保护站未与当地政府和居民就土地使用权的问题签订过任何具有法律意义的协议，所以保护站没有土地使用权；也就是说，政府与当地村民对保护站土地的使用并不受到限制。

自此，保护站领导深刻认识到土地权属问题对保护站未来发展的重要性。经多方努力筹措资金，1984年，保护站通过补偿当地政府和村民的方式，获得了1333公顷土地的使用权，保住了海南坡鹿最后一块栖息地。1986年，

图 2-1 大田保护区

保护站晋升为国家级自然保护区。1988年海南建省之后，保护站被正式命名为海南大田国家级自然保护区。

土地使用权问题的解决，只能说为坡鹿生命的延续打下了一个比较良好的基础，为坡鹿营造了一个能够生存的场所。接下来，更为重要的问题是对保护区的管理，以保证坡鹿能在保护区内健康而安全地繁衍生息。

在最初的几年中，由于经费紧张和管理经验不足，坡鹿的保护可谓异常艰苦，工作人员一方面要不断巡逻以防偷猎事件的发生，一方面也要摸索坡鹿养护的方法，保证最后26头坡鹿的生命能得到延续。经过艰辛的努力，在1976~1983年期间，大田保护区坡鹿的数量从最初的26头增加到了75头，虽说数量仍旧不多，但带来了坡鹿生存的希望，为坡鹿的发展提供了种源。

之后，随着国家的投入加大，资金问题得到缓解，保护区在18千米的边界上相继建立了9个护鹿哨所。此外，在偷猎活动的易发地段还建立了坡鹿瞭望台。这些保护措施缓解了工作人员的工作压力，也提高了保护的效率。另一方面，也有更多科研人员投入到科学养护坡鹿的工作中。1985年，华南濒危动物研究所的袁喜才教授提议采用全封闭的围栏方式保护坡鹿，并对坡鹿进行驯养。最初，由于经费紧张，围栏区域仅67公顷，共有80多头坡鹿。经过一段时间的摸索与总结，围栏区域逐渐扩大，最终在1995年把大田保护区所有区域都围了起来。围栏材料是镀锌铁丝编制成的围网，围网之间用钢筋水泥柱进行支撑。围栏工程极为有效地保护了坡鹿的生命安全。此外，科研人员还对坡鹿的食性、行为习惯、疾病等进行了研究，为更科学地养护坡鹿提供了理论支撑。

同时，保护区的工作人员还积极与周边社区开展各种互动，让村民从物质层面和精神层面都能认识到保护坡鹿的积极意义。例如，保护区工作人员通过主动帮助周围村子的小学解决课桌问题、修建灌溉渠道等有利于农村发展建设的工作，以实际行动表达保护区的友善；同时，保护区还会与各村签订护鹿合同，哪个村没有发生村民偷猎事件，这个村就能获得相应的奖励；当村民的物质生活得到保障之后，再进一步向村民宣传坡鹿保护的重要性，便能取得更好的教育效果。

经过各种努力，在1985~1994年的10年间，大田的海南坡鹿数量增长到了342头，进入了高速增长期。自此，拉锯战的天平已开始向坡鹿“生”的一方倾斜。在这场“战争”中，众多的保护者付出了大量的心血。例如，大田保护站第一任站长王潜，他出生于柬埔寨一个华侨家庭，新中国成立之后回国求学，1957年开始到东方县林业局工作。他十分关心坡鹿的命运，先是通过调查摸清了坡鹿在东方县的分布和数量，之后又给县委负责人写信，恳切要求采取保护措施。同时，他也积极投身宣传教育工作，向人民群众宣传保护坡鹿的重要意义。又如，保护区管理处主任李善元，他在1983年不满20岁时便成为一名护鹿员，后来协助袁喜才教授进行坡鹿繁殖与驯养的研究工作。他积极利用这个机会对坡鹿进行了深入的观察和研究，最终成为一名坡鹿专家。正是因为这些保护者的努力，坡鹿保护工作才得以持续推进。

第二节　暂时稳定

经过几十年的努力，大田保护区内的海南坡鹿的种群数量得到迅速恢复，1986年，坡鹿数量为151头；1989年，达到246头；2000年为864头；到2002年，坡鹿数量超过了1000头；2005年，坡鹿已发展到1600多头；2007年5月，再次统计调查发现，坡鹿数量已增加至1785头。目前，坡鹿已达到相对稳定的阶段，暂时摆脱了灭绝的危险。

这些坡鹿为其种群在海南的进一步恢复提供了种源。1990年，第一批坡鹿离开大田保护区，迁至邦溪保护区，这个过去的坡鹿灭绝之地，在十几年之后终于重新迎来了坡鹿。这些坡鹿受到了保护区工作人员的悉心照料，在围栏内自由活动。之后，大田保护区的坡鹿又进行了多次外迁。其中，通过对2003年以来陆续迁至海南省东方市猴猕岭地区的100头坡鹿的监测发现，这个种群中已经有了新生的仔鹿，表明它们不仅可以在新的栖息地生存，而且已经开始繁衍后代。可以说，每一头外迁的坡鹿都像是一颗种子，在新的地方播种下了坡鹿种群重新壮大的希望。

另外，海南坡鹿作为泽鹿家族的一员，其发展壮大也是对其他成员的一种有力支持。对于海南坡鹿究竟是新的亚种，还是归类于泰国亚种，目前的研究尚无定论，但不论如何，海南坡鹿与三个泽鹿亚种在生物构成上有最亲近的血缘关系。目前，三个亚种的处境都不容乐观，因此，海南坡鹿的保护具有非常深远的意义，它为泽鹿这个物种继续留存于世保留了希望。

对海南坡鹿的保护可谓历经千辛万苦，那保护坡鹿的意义何在呢？事实上，每种生物都是独一无二的。从空间上说，每个物种都是生态系统中的一个

表 2-1　海南坡鹿数量与分布现状

地点	位置	迁入年度(年)	迁入数量(头)	来源
邦溪保护区	海南省白沙县	1990~1992	18	大田保护区
枫木鹿场	海南省屯昌县	1994	10	大田保护区
上海野生动物园	上海市	1995	10	大田保护区
东山湖野生动物园	海南省琼山市	1996	15	大田保护区
甘什岭保护区	海南省三亚市	1997	20	大田保护区
金牛岭公园	海南省海口市	1997	4	大田保护区
文昌坡鹿保护站	海南省文昌县	1999	16	东山湖
		2000	6	大田保护区
广州动物园	广东省广州市	2000	2	金牛岭
猴猕岭坡鹿保护站	海南省东方市	2003~2005	300	大田保护区
保梅岭林场	海南省昌江县	2005	49	大田保护区
赤好岭坡鹿保护站	海南省东方市	2005	139	大田保护区

环节，所谓环环相扣，或许其中一两个环节出问题，还不会影响生态系统的整体运作，但若有诸多环节发生故障，那么必然导致生态系统的崩塌。而从时间角度来说，生命的延续意味着传承与连接，通过传承，我们了解历史，通过连接，我们展望未来。在相互关联的时空之中，我们才能清晰地定位与勾勒出现时现境，每一刻的当下才富有意义与价值。

第三节　重建家园

几经努力，坡鹿保卫战以保卫者的阶段性胜利而告终，海南坡鹿重新获得了生的希望，得以继续在海南这片熟悉的土地上生存繁衍。那么，孕育海南坡鹿的究竟是一片怎样的土地呢？

海南岛处于热带北缘，属于热带季风气候，有明显的雨季与旱季，雨季一般为每年的5月至10月，旱季为11月至次年4月，多雨季节降水占全年的70%~90%，这里是热带雨林和热带季雨林的原生地，植物繁多，植被类型多样，具有各类乔木和灌木2000多种。海南岛地势为四周低平，中间高耸，以五指山、鹦哥岭为隆起核心，向外围逐级下降。山

图 2-2　海南坡鹿的栖息环境（崔滢供图）

地、丘陵、台地、平原构成环形层状地貌，梯级结构明显。

坡鹿多栖息于海拔200米以下的低平丘陵、台地的灌丛草地、稀树草原地带。它们不在山地活动，即使受到人类干扰，也不会进入山岭之中，这样可以减少体能消耗，从而获得更大的生存空间。此外，在选择活动和栖息地点时，它们还会考虑食物、水源和安全等因素。坡鹿喜欢在离食源、水源较近，而离人类居住区较远的地方活动。在发情交配季节，坡鹿常在开阔地带活动，而到了雄鹿脱角生茸、雌鹿怀孕产仔的时节，它们便纷纷离开开阔地带，来到较隐蔽的地方将自己隐藏起来。

我们常说一方水土养一方人，这句话在动物身上同样适用，动物的各种行为往往与其所处的环境息息相关。一方面，环境会对坡鹿的各种行为习性产生影响；另一方面，坡鹿的行为习性也会反作用于环境，两者相互作用，相辅相成。坡鹿的繁殖生育为什么会在特定的季节进行？坡鹿一年四季的食谱会发生哪些变化？坡鹿的食物选择又会对环境造成怎样的影响？坡鹿集群活动的特点又是什么？凡此种种，都能体现出坡鹿与环境之间的相互关系。甚至坡鹿名字的由来都与环境息息相关：之所以叫“坡”鹿，是因为它们喜欢在“坡”上活动，这里的“坡”是海南方言，它的意思不是我们一般理解的坡地，而是指平缓之地。

经过一番努力，海南坡鹿终于又有了自己的栖身之所，它们过得好吗？它们最终能逃脱灭绝的命运吗？接下来，让我们一起进入海南坡鹿的世界，来一探究竟。

图 2-3　正午在树荫下休息的坡鹿（崔滢供图）

图 2-4　发现动静（崔滢供图）

知识驿站

足尖上的舞者

坡鹿以修长矫健的身形赢得了人们的青睐，它们为何会有这样的身材呢？这主要是适应环境的结果。在遥远的古代（中新世），有蹄类动物占领了开阔的草原，速度成为躲避捕食者的重要利器。另外，为寻找水源或食物而进行的长距离的迁移，也使得能奔善跑成为日常生活之必需。久而久之，有蹄类动物的骨骼结构就发生了变化。奔跑速度取决于步长和频率两个要素，为了最大限度地增大步幅，有蹄类动物会尽量延伸四肢长度，它们四肢最大的特点是脚掌部分会极度延长，而脚蹄其实就是它们的脚趾。很多时候，动物的外形特征往往与它们所处的环境息息相关，从人类的角度来看，有些动物仪态万方，有些动物憨态可掬，有些动物笨重迟钝，但其实，它们只是以最合适的姿态生活在这个世界上。

表 2-2　海南坡鹿主要栖息地环境简介

地点	海拔（米）	年均降雨量（毫米）	经纬度	年均温度（摄氏度）	植被类型
大田保护区	43.8~85	1012	北纬 19° 05′ ~19° 17′ 东经 108° 47′ ~108° 49′	23~25	低平热带草原 砂生灌丛林 落叶季雨林 人工草地和人工林
邦溪保护区	20~78	1000	北纬 19° 24′ 东经 108° 56′	24	次生草地中混杂 少量乔木和灌丛
赤好岭坡鹿保护站	140~360	1012	北纬 18° 59′ ~19° 02′ 东经 108° 50′ ~108° 52′	24.5	以原生自然植被为主 少量当地居民的农田 少量人工桉树林、芒果和香蕉种植地
猴猕岭保护区	137~1530.2	993.7	北纬 18° 48′ ~18° 58′ 东经 108° 57′ ~109° 07′	24.6	热带湿润雨林 热带山地雨林 热带亚高山矮林 次生热带雨林 灌丛、草地
甘什岭保护区	50~681	1200	北纬 18° 21′ ~18° 26′ 东经 109° 34′ ~109° 42′	24.5	热带低山雨林 刺灌丛、草坡
文昌坡鹿保护站	19~45	1484.4	北纬 19° 49′ 东经 110° 55′	24.6	落叶季雨林 灌木丛林 低平热带草原

第三章　繁衍生息

第一节 为了生命的延续

不论何种物种，个体生命的长度都是有限的，要获得种族延续，唯一的方式便是繁衍生息。对于坡鹿而言，若要彻底摆脱灭绝的命运，繁衍后代更是生命中重中之重的任务。不同于人类，坡鹿的交配在一年中有相对固定的时节，一般1~6月是坡鹿发情的季节，其中又以4~6月为甚。在此期间，雄鹿会向雌鹿发起热烈的追求，以期获得雌鹿的青睐。雌鹿则会选择自己中意的雄鹿与之繁衍后代。

坡鹿遵循的是一雄多雌式的交配制度。在交配季节，坡鹿会形成较大规模的集群，集群的数量多则几十头，少则十几头，群体中有雄鹿也有雌鹿。一般而言，一个群体中往往会出现几头雄鹿，一头雄鹿单独霸群的现象较为少见。但不同雄鹿之间有明显的等级次序，当雌鹿发情之时，等级高的雄鹿有优先的交配权，等级较低的雄鹿只有在多头雌鹿发情的时候才能获得交配的机会，并且在交配时，这些等级较低的雄鹿也会时刻保持警惕，若发现等级序位高的雄鹿靠近，就会立刻躲避。在大的混合坡鹿群周围也时常会有一些小的坡鹿群，这些小的坡鹿群一般都是雄鹿群，少则2~3头，多则5~6头，它们多是战败的雄性坡鹿，游走在混合群周围，时刻保持高度警惕。

雄鹿之间确定等级序位有多种方式，其中最直接的便是相互之间进行决斗，两头雄鹿各自亮出武器——鹿角，各凭自己的力量与勇气，一决胜负。两方若实力相近，便会斗得难分难解，有时一方艰难胜出，有时也会两败俱伤。有人曾经见过两头坡鹿在争斗过程中因鹿角紧紧纠缠在一起无法分开，最后双双精疲力竭而亡。即便如此，雄鹿也不会因此而退却，对它们而言，若不能繁衍后代，使自己的生命获得延续，那同死亡也没什么区别。战斗结束之后，获得胜利的雄鹿即获得优先的交配权。

然而，这种正面的对决往往会耗费很多体力，若是所有的等级序位都要靠这种高强度的对抗来决定，对雄鹿来说会有很大的精力损耗，一方面增加伤亡率，另一方面也影响交配质量，这对繁殖下一代是不利的。因此，雄鹿之间通常还会使用吼叫、泥浴等更节省体能的方式，通过听觉、视觉和嗅觉上的效果来确定自己的地位。

泥浴在鹿科动物中非常常见，通过泥浴，可以传递一种嗅觉和视觉信号，以达到威慑对手、吸引异性的目的。雄鹿泥浴的场地通常是潮湿的泥塘，一般雄鹿会先低头在泥塘边上嗅闻一番，之后，用两条前腿开始刨泥，一边刨泥一边将尿液混入泥塘中，之后便卧到泥坑中，将泥水涂抹到头部和身体上。泥浴过后，雄鹿会满身泥泞并散发出一股气味，从视觉和嗅觉两个方面展示自己的优势地位，警告同性，吸引异性。

图 3-1　为了防止雄鹿过度打斗致死，保护区工作人员每年都会将部分雄鹿的角锯下(崔滢供图)

图 3-2　泥浴后的雄鹿

雄鹿在吼叫时，头部仰起，颈部伸长，昂首挺胸，犹如引吭高歌。声音启动时为短促的“hou”音，之后转变为长音“ou”，音调逐渐升高，最后在音调最高处戛然而止，整个发音类似于“喉欧……”的过程。吼叫一般发生在蹭角泥浴、争斗胜利、交配成功或追逐发情的雌鹿时，是一种典型的炫耀行为，通过听觉信号告知周围雄鹿其优势地位。

这些行为在体能消耗方面比双方直接争斗要小得多，但也同样能够达到明确等级序位的目的，这使得优势雄性能最大可能地避免因争斗而导致过度的能量损耗和伤病，使其能更持久地维持优先交配权，让优良基因最大可能地延续和传递下去。

等级序位的确定只是繁衍生息的第一步，真正完成交配，需要雌鹿与雄鹿的两情相悦。一般在交配季节，当雌鹿走动时，雄鹿会紧追不舍，展开猛烈的追求攻势，同时还会发出柔和低微的声音，仿佛在对雌鹿喃喃细语，诉说衷肠。有时雄鹿甚至会用自己的下巴或前肢轻蹭雌鹿背部以示亲昵，若雌鹿没有表示拒绝，就表明配对成功了。当双方都动情之后，就能真正完成交配。接下来，就是等待新生命的降生了。

经过漫漫长路，繁衍生息总算是完成了关键的一步。在这个过程中，我们看到雄鹿非常繁忙，而雌鹿似乎只是在一边悠闲地等待着雄鹿的到来。那究竟为什么是雄鹿对雌鹿展开争夺，而不是相反的情况呢？这和雄鹿与雌鹿之间不同的生理特性有关。小鹿是由雄鹿体内的精子与雌鹿体内的卵子结合

图 3-3 雄鹿求偶(崔滢供图)

而形成的,精子数量多但体积小,所含营养物质少;卵子则恰恰相反,数量少但体积大,并且拥有丰富的营养物质;另外,生命的孕育过程也在雌性体内进行。面对这种差异,雄鹿需要尽可能多地进行交配,通过数量上的优势来弥补质量上的不足。雌鹿则正好相反,它们需要保证的是精子的质量,从而使自己有限的卵子能得到最好的使用,以孕育出健康的生命。为此它们会选择优势雄性进行交配。所以雄鹿要通过争斗来获取尽可能多的交配权,而雌鹿则可以此为择偶标准,选择更加强壮和具有优势的雄性进行交配,以保证基因的优质。

坡鹿之所以会有这样的繁殖选择,主要是由它们的基因决定的,基因中所携带的这些有利于自身繁衍生息的信息,历经筛选最终保留了下来。事实上,英国生物学家道金斯(Richard Dawkins)在《自私的基因》一书中曾指出,生命传承的本质是基因的复制与传递,从某种意义上说,每一个个体的生命都只是基因传递过程中的一个中转站。由于资源的稀缺和不平衡性,为了让这种传递不中断,我们的基因就本质而言都是自私的,基因中携带的信息都是以有利于自身的传递为出发点的。

第二节　孕育新生命

经过一番角逐与选择，一切终于尘埃落定，一个个小生命在雌鹿体内默默孕育。雌鹿怀孕之后，行动渐渐不便，它们不再大规模集结成队，而是以小群体或单独活动为主。经过7~8个月的妊娠期，雌鹿产期渐渐临近，这时，它们通常会选择树林草地的隐蔽地带单独活动。最终，每头雌鹿都会各自选择一处安静而又安全的地方产下幼鹿。雌鹿从1.5岁左右开始具有生育能力，一直能持续到12岁左右，每次生育能产下一头鹿宝宝。

海南坡鹿的产仔期为9月至次年1月的秋冬季，其中，高峰期出现在10~11月；交配季节则一般在1~6月，高峰期出现在4~6月。这与一般鹿种在秋冬交配、春夏产仔的时间规律刚好相反。出现这样的现象，主要还是与坡鹿生活的环境有关。在海南，旱季是11月至次年4月，此时，草木枯萎，树木凋零，坡鹿的食物较为稀缺，觅食也比较困难，体质相对较弱，不适合产仔和哺乳；而到了5~10月，则迎来雨季，坡鹿的食源变得充足，为产仔和哺乳提供了必要的能量和营养。

在广州动物园也栖居着几头坡鹿，它们都是从海南引进的。广州虽与海南相距不远，但在海拔高度、气候环境、季节变化等方面都与海南有着比较明显的差异。因此，这几头坡鹿的发情高峰期也与生活在海南的坡鹿有所不同，从原本的4~6月变为1~2月。古有“孟母三迁”，环境不仅对人的成长发展有着潜移默化的作用，对动物的影响也同样显著。

新生命的诞生往往昭示着新的开始和新的希望，它们作为新生力量，为整个坡鹿种群注入新的活力，成为种族延续与壮大的生力军。

第三节　成长的脚步

秋冬季节，草木枯黄，放眼望去是一派萧索的景象。然而，正是在这一片萧条之中，崭新的生命诞生了。初生坡鹿的毛色与枯黄的草色相当接近，它们以此作为掩护，躲避敌害对自身的威胁，使生命获得延续的机会。

由于尚不具备良好的跑跳能力，幼鹿往往无法跟随母鹿四处觅食和走动，选择一个舒适隐蔽又能及时发现敌害的栖身地点便成为其是否能茁壮成长的关键因素。夹杂着少量乔木和稀疏灌木林的白茅和黄茅草坡是幼鹿最常选择的庇护之所。乔木是天然的遮阳避雨伞，稀疏灌木林既不影响视野，当大型敌害在林中活动时，又能充当自动报警器。迎风向阳的缓坡无疑是这

图 3-4　母鹿哺乳(崔滢供图)

庇护之所中最佳的卧息地点：干燥温暖为舒适度提供了保证，视野开阔是尽早发现敌害的必要条件，良好的空气流通为幼鹿通过灵敏的嗅觉发现敌害提供了帮助。

新生幼鹿住的问题暂时解决了，吃的问题又摆到面前。“咩咩咩”，母鹿终于现身，吹响了吃饭的号角。幼鹿听到母鹿召唤便会从隐藏处现身，饱餐一顿，补充能量和营养。这种完全依靠母乳喂养的方式大约会持续10天左右，之后，幼鹿便会尝试啃食嫩草，母鹿也会渐渐从主动哺乳变为被动授乳，直到最后完全拒绝幼鹿吮乳的需求。可以说，这是母鹿对幼鹿第一次放手。独立，毫无疑问是成长必经的一课。更何况，对于母鹿而言，来年它还将继续肩负哺育另一头新生幼鹿的使命，这需要它具有合理分配能量的能力，厚此薄彼只会削弱家族整体水平。

知识驿站

成长日记之身高体重

我们在成长过程中，总会时不时量量身高，称称体重，小时候如果发现自己又长高了，总是特别高兴，感觉自己离长大成人又近了一步。那坡鹿幼仔的身高体重又是怎样一步一步增长的呢？让我们来看看它们的成长日记：

幼鹿在3个月左右有一个快速生长期，之后，生长速度趋于平缓。另外，雄性幼鹿出生时就比雌性幼鹿更壮实一些，在成长过程中，也比雌性幼鹿长得更高更壮。成年后，雌雄体型有着明显的差异，雄鹿体重一般为80~100千克，雌鹿则为40~70千克。

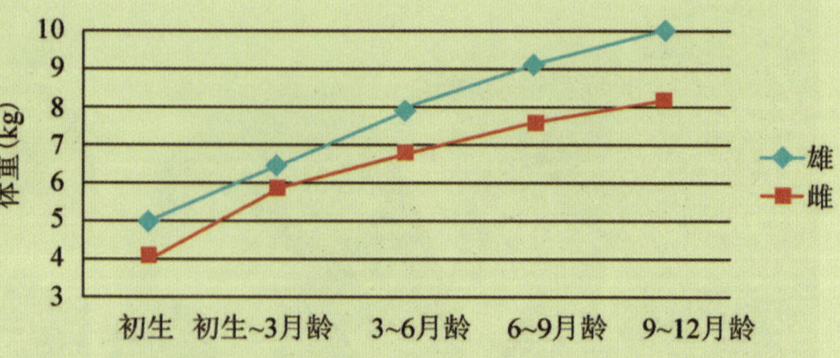

图 3-5　雌雄幼鹿体重变化情况

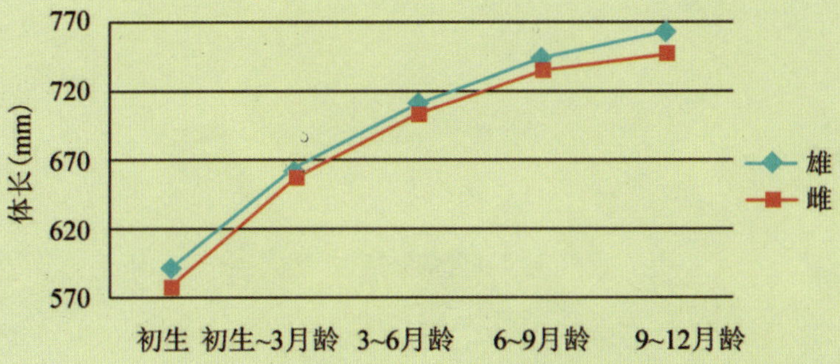

图 3-6　雌雄幼鹿体长变化情况

日升日落，日复一日，幼鹿渐渐长大，不再一味躲在草丛里等着妈妈归来，它们会跟着妈妈学习觅食，也会花费更多的时间学习站立和奔跑。自己找寻的第一顿食物或许未必是美味，第一次独自站立或许会有些摇晃，第一次迈腿奔跑或许会踉跄，然而，这是成长必经的过程。在这样的过程中，母鹿一次又一次地放手，幼鹿一点又一点地长大。对于坡鹿而言，食物是茁壮成长最坚实的基础，奔跑跳跃则是躲避敌害最可靠的利器。大约经过半年时间，幼鹿便可以形成与成年个体基本一致的生活节奏和生活模式，此时，可以说幼鹿已经初长成，当然，它们离真正成年还

图 3-7　哺乳时依然警觉(崔滢供图)

图 3-8　幼鹿跟着妈妈（崔滢供图）

知识驿站

成长日记之行为习惯

幼鹿的成长可以分为三个阶段，第一阶段为1个月左右，此阶段的幼鹿基本不具备奔跑能力，很少外出活动，通常是单独隐藏在枯黄的草丛和灌木丛中；第二阶段为2~4个月，此时幼鹿开始紧随母亲活动，具备了一定的奔跑能力，在发现危险时，也能随母亲一起逃跑；第三阶段为5~6个月，此时幼鹿的各种行为已趋于稳定。在不同的发展阶段，幼鹿的各种行为习惯都会有所差异。

有一段路要走。

在解决了最基本的生存问题之后，幼鹿开始尝试与周围环境、与其他个体有更深入的接触和交流。幼鹿会离开母鹿，独自去探索它们所处的环境，了解其中蕴藏的危险和机遇；也会尝试与母亲以外的其他个体接触，学习交流和相处的方式，特别是同龄个体之间，相互嬉闹玩耍，一方面增强体格与行动敏捷性，另一方面也增进对彼此的了解。自此，幼鹿的世界中除了母亲，还多了很多伙伴，同时也逐渐从一个跟随母亲

知识驿站

成长日记之生老病死

有新生便有死亡，这是自然界的客观规律，也是生命生生不息的奥秘所在。生老病死是每一个生命都无法避免的，海南坡鹿的一生又是怎样的呢？

在出生后的1~2年内，由于雌鹿比雄鹿较为体弱，雌鹿的死亡率较高；而到了壮年时期，雄鹿由于争斗等原因，死亡率会高于雌性，但在整个青壮年时期，雌雄坡鹿整体的死亡率还是比较低的；到了八九岁之后，雌雄坡鹿的死亡率同时大幅度提升，最终，所有坡鹿都完成了生命旅程。在它们之后，又有年轻的坡鹿接过生命的接力棒，继续繁衍生息。

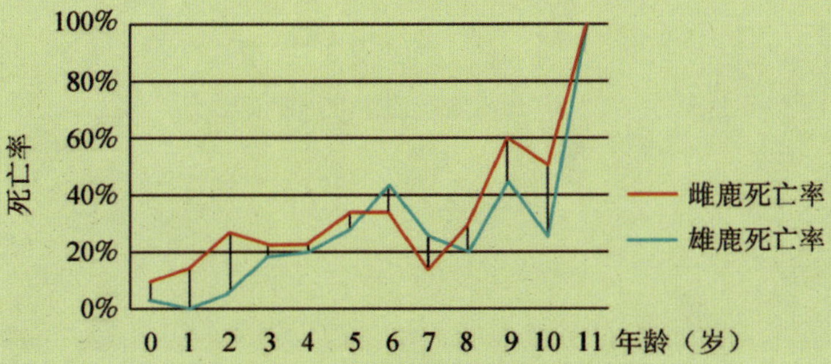

图 3-9　雌雄坡鹿死亡率

的学习者，变为一个主动的探索者，这一系列的改变昭示着幼鹿逐渐迈入了真正的坡鹿社会。

成长还在继续，看，体重又重了，看，身高又高了，而最最惊喜的莫过于雄性幼鹿初生茸角。大约在出生之后

知识驿站

牙齿与年龄

牙齿的健康状况和生长状况往往能反映人类的年龄和健康水平，同样，通过牙齿也能大致辨别坡鹿的年龄。坡鹿是草食动物，在进食过程中，往往需要对食物进行不断咀嚼，久而久之，牙齿就会慢慢被磨平。由此，根据牙齿的磨损程度，便可以大致判断一头坡鹿所处的年龄阶段。

图 3-10　幼年雄鹿初生角(崔滢供图)

的143~200天内，雄性幼鹿开始长出角基（草桩），角基经过68~71天的生长后开始长出嫩茸，嫩茸经过90天左右老化脱皮长成硬角，初生的鹿角并不分叉。就像种子破土而出，就像太阳刚从地平线升起，崭新的鹿角标志着一个全新的开始。从这一刻起，小“男孩”变为小小“男子汉”，不知不觉，离长成又近了一步。直到有一天，幼鹿彻底离开母鹿，去寻找自己的伴侣，建造自己的家园，用最真实的行动展现生命的灿烂与夺目。此时，母鹿完成了哺育使命，实现了彻底的放手。

从嗷嗷待哺到自己觅食，从站立不稳到跑跳自如，从依赖母亲到独立行动，幼年海南坡鹿在一次次蜕变中渐渐成长，当父母渐渐老去之际，便是子女长成之时。它们将沿着父母的足迹继续前进，繁衍生息，一代又一代，传递关于生命的神奇与奥秘。

图 3-11　嬉戏打闹（崔滢供图）

知识驿站

消失的爸爸

在坡鹿的成长过程中，有一个非常有趣的现象，即雄鹿几乎不担负任何养育后代的责任。雄鹿一旦交配成功，它的使命似乎就全部完成了，之后，雌鹿独自妊娠直至生产，产下仔鹿之后也是独自养育仔鹿长大。在这段时间中，雄鹿则独自躲到安全僻静之处换角去了。是雄鹿不负责任吗？

其实，这正是坡鹿的繁衍策略，不论是雌性还是雄性，若要使整个家族世世代代延续下去，就必须尽自己的最大努力使繁殖成功率达到最大化。对雌鹿而言，每个繁殖季节只有一次生产后代的机会，因此，它们必须想尽一切办法提高每一个后代的存活率。对于雄鹿来说，它们要让自身的基因最大程度地传给下一代，就必须寻找更多与雌鹿进行交配的机会；而要获得更多的交配权，就必须有强健的身体去赢得争斗的胜利，它们要做的是尽一切可能保证自己的战斗力。因此，雄鹿不可能也没有必要去悉心照顾每一头幼鹿。

所以说，雌鹿和雄鹿只是以不同的方式给予幼鹿照顾与关怀。对于幼鹿而言，或许父亲的身影并不常在眼前，但这并不意味着父亲是不负责任的。它将自身的优良基因传给了自己的孩子，当有一天幼鹿长成一头漂亮而矫健的成鹿时，那便是父亲给予的最好礼物。

图 3-12　清洁毛发的坡鹿（崔滢供图）

第四章 日常生活

呦呦鹿鸣，食野之苹……
呦呦鹿鸣，食野之蒿……
呦呦鹿鸣，食野之芩……
——《诗经·小雅·鹿鸣》

第一节　民以食为天

坡鹿的日常生活包含各种活动，如觅食饮水、反刍、休息走动、追逐嬉戏、警戒、修饰、睡觉等。除了睡觉之外，坡鹿的主要活动都是围绕进食展开的，食物是每一种生物生存下去最基本的保障之一。

一般而言，影响用餐质量的因素主要有两个：一个是食物本身的质量，另一个则是用餐环境。人类一般是在饭厅的餐桌旁用餐，坡鹿也有偏好的进食地点，它们最喜欢在草原地带采食。之所以会有这样的偏好，一是因为坡鹿喜食草本植物：其进食的植物中，八成左右为草本植物；二是因为草原地带视野比较开阔，有利于坡鹿及时发现危险。另外，在繁殖交配的季节，开阔的场地

图 4-1　进食（崔滢供图）

也有利于坡鹿在进食之际互相追逐与打斗。

如果说良好的进食环境起到的是锦上添花的作用,那么优良的食物质量则是安身立命之本。坡鹿是一种草食动物,不像人类那样荤素都吃。虽然少了一些荤素搭配的乐趣,但坡鹿也非常注重食物的口感和营养搭配;在不同的季节,其食谱也会发生相应的变化。可以说,坡鹿在饮食方面还是非常讲究的。

坡鹿的食谱主要可以分为两大类,一类是草本植物,另一类是木本植物。草本植物比较鲜嫩,口感好,数量多,又比较容易采食,因此,占到坡鹿采食比例的八成左右。木本植物则具有独特的营养价值,其蛋白质和微量元素的含量都显著高于草本植物。并且木本植物比较耐旱,在旱季,当大量植物枯萎的时候,一些常绿的灌木便成为坡鹿重要的食物来源。由于身高的限制,在木本植物中,坡鹿主要采食的是高度在1.5米以下的灌木类植物,乔木类植物由于超过坡鹿的采食高度,所以一般不在坡鹿的采食范围之内。除此之外,坡鹿还喜欢采食灌木的花果,这就好比人类会根据不同的季节选择应季的食物,坡鹿也会在开花结果的时节,采食花果,例如,每年9~12月木槿开花之时,坡鹿会采食其鲜艳的花朵;而在链荚豆

结荚果的时候，坡鹿则会采食其幼嫩的果实。可以说，坡鹿对采食部位有比较强的选择性，一般采食的是嫩草、嫩叶、茎和一些花果。舔食盐碱土则是坡鹿的又一大喜好，通过舔食可以补充身体所需的矿物质和盐分。

总的来说，坡鹿的采食一般遵循几个原则，一是食物的丰富与易得性，二是食物的营养成分，三是食物的可口度。进食最基础和最根本的目的是为了维持生命所需的物质和能量，而进食的前提是能觅得相应的食物。觅食过程需要消耗能量，如果觅得某类食物所消耗的能量大于补充这类食物所得到的能量，那么就算营养价值再高，口感再好，这类食物也不可能成为坡鹿主要的觅食种类。因此，食物是否丰富易得显然是坡鹿首先考虑的因素。在此基础上，食物的营养价值则影响着进食效率，由于坡鹿是草食动物，而植物的消化过程本身就比较长，所能提供的能量也有限，因此，坡鹿每天要花费大量的时间进食以保证身体的能量和营养供给。在这样的情况下，显然应该尽量寻找营养价值高的植物，来保证进食的质量，以免消耗大量的时间和精力仍旧无法获得足够的能量和营养。当然，在食物丰富度以及营养能保证的前提下，口感更好的食物显然会更受欢迎。

在进食的节奏方面，根据天气和气

图 4-2 水草丰美(崔滢供图)

图 4-3　河边饮水(崔滢供图)

候变化,也会有一定的差别。在旱季,食物相对比较短缺,而此时又是坡鹿繁殖交配的季节,坡鹿之间的互动相当频繁,相对而言,会花费更多的时间觅食与进食,一般会在上午和傍晚出现两个觅食高峰。而在雨季,食物丰沛,同时又是雄鹿生茸换角、雌鹿产仔育幼的时节,在这一时节,坡鹿的活动讲究的是隐蔽迅速,觅食与采食时间也相对缩减,只在傍晚才出现一次明显的觅食高峰。另外,晴雨不同也会影响坡鹿进食的节奏,在雨天,坡鹿的进食会由于下雨而被打断,因此,进食的频次会增加。

进食完成后还有一个消化过程,进行消化活动的重要器官是胃。坡鹿是反刍类动物。反刍类动物一般有四个胃,分别为瘤胃、网胃、瓣胃和皱胃。植物有坚硬的细胞壁并且含有大量纤维素,瘤胃中含有大量微生物,能分解植物的坚硬外壁和纤维素,并能分解糖类、分解和合成蛋白质,还能合成B族维生素和维生素K。另外,瘤胃上皮还能吸收钾离子、氯离子、钠离子等成分。经瘤胃处理后的食物会重新回到坡鹿嘴里被进一步咀嚼,这就是所谓的反刍。反刍过程可反复进行,直到食物能通过网胃。网胃在瘤胃后部,与瘤胃相连。顾名思义,网胃的内部有蜂窝状组织,组成了一道筛选网,只有直径小于1毫米的食物颗粒才能通过瘤胃,其余食物要继续进行反刍。另外，网胃还能过滤掉食物中的一些杂质。网胃之后是瓣胃，瓣胃中有许多叶瓣，叶瓣能起到进一步磨碎食物的作用。同时，瓣胃还能吸收大量水分和酸。瓣胃之后是皱胃，该胃的功能与一般意义上的胃相同，因此也被称为"真胃"，皱胃能分泌消化酶，具有消化吸收营养物质的作用。

虽然反刍动物都具有四个胃，但不同类型的反刍动物之间也有区别，坡鹿属于广食性的草食动物，与草食性的草食动物相比，消化道容量较小，食物通过消化道的时间也比较短，因此，受微生物消化的影响比较小，所以坡鹿一般都会选择容易消化的鲜嫩植物。坡鹿生活在热带，那里的植物种类繁多并且容易生长，给坡鹿的食物选择带来了较大的空间和余地。俗话说一方水土养一方人，动物其实也是如此，动物的食物选择与生活的环境往往有密切联系，而食物结构与动物的生理结构也形成了相辅相成的关系。

图 4-4　休息（崔滢供图）

图 4-5　警戒（崔滢供图）

第二节　四季衣橱

除了吃，穿着也是生活中的重要组成部分。春夏秋冬，在不同的季节里，根据温度和环境的变化，人类会适时更换不同类型的衣服。坡鹿虽然没有衣服，但它们也有自己的方式应对季节的变化，最基本的方式就是改变毛色和毛长，雄鹿更是会每年换角，以漂亮的鹿角彰显雄性的魅力。

坡鹿每年会换两次毛，夏天一次，冬天一次。夏天的毛比较短，毛色也比较富有光泽，颜色主要是棕黄、棕褐或棕红色，下巴、腹部、臀部以及四肢内侧

图 4-6　雌鹿夏毛（崔滢供图）

的毛色较淡;背脊中间有一条颜色较深的中线,呈棕黑色,沿着背脊中线两侧规律地散布着一些白色斑点,就像是衣服上美丽的点缀。冬天的毛比较长,毛色比较暗淡,与夏天的毛相比更为粗糙一些。坡鹿的“冬装”不像“夏装”那么统一,雌鹿的毛色总体呈草黄或黄褐色;成年雄鹿的毛色多为灰褐、棕褐及棕黑色,亚成年雄鹿的毛色则与雌鹿颜色相似。此外,在冬天,坡鹿的下巴、颈部、腹部以及臀部的淡色毛会变得比较暗淡,呈现灰白褐色或棕灰色等。

坡鹿着“夏装”的时间一般为5~11月,着“冬装”的时间则为12月至次年4月,换装的过程是渐进式的,整个过程比较缓慢。这跟我们一年四季换装是一样的,我们也是根据天气的变化逐渐增减衣服。坡鹿冬天的毛从1月开始脱落,到6月左右脱落完毕;夏天的毛从7月左右开始脱落,到1月左右完成换毛。换毛是先从头部开始的,之后依次为颈部、背部和臀部。可以说,坡鹿换毛与季节有着密切的联系:夏天炎热,换上“淡色系的短装”用于散热;冬天寒冷,则换上“深色系的厚外套”御寒。而毛色光泽的变化在一定程度上也反映了坡鹿的营养状况。一般而言,海南地区的夏季为雨季,草木丰盛,坡鹿食物比较充足;冬季为旱季,坡鹿食物比较紧缺,另外,冬季又需要更多的能量用于御寒,因此,夏毛的光泽度要比冬毛好一些。

除了皮毛之外,雄鹿每年都会换上一对新角。一般在发情交配末期,雄鹿旧的骨质角开始脱落,新的茸角开始生长,到次年的发情前期茸角生长完成并逐渐硬化。鹿角就像雄鹿的佩剑,每年

图 4-7　长出了鹿茸

都要重新打磨，在换角的过程中，雄鹿往往躲藏起来，当角足够锋利锃亮之时，它们便整装待发，精神抖擞地现身，投入到新一轮传承生命的战斗中。每头雄鹿都希望自己优良的基因能有更多的机会流传于世，但如何争取更多的机会呢？就靠鹿角这一最锋利的武器，同时，鹿角也是雄鹿身上最精美的配饰，可以吸引雌性的目光。

知识驿站

角的故事

角并非坡鹿所特有，牛羊头上也有角，犀牛角更为偷猎者所觊觎。当然，角与角之间也各有区别，例如，牛羊的角就终生不换，而坡鹿角则每年都会更换，并且，随着年龄的增长，角型和角的尺寸都会发生变化。

角其实是皮肤的衍生物，皮肤分表皮和真皮。表皮的表层为角质层，是一层有规律脱落的死细胞层，其深层为生发层，是一层具有生命力的活细胞层。表皮厚度与结构随种类和部位而有差异。表皮层之下为真皮层，真皮很发达，主要由98%的胶原纤维和1.5%的弹性纤维相互交错而成，纤维之间还分布着各种结缔组织、细胞、血管、淋巴、运动神经末梢和温、触、压等各种感受器。表皮能产生角质角，真皮则能形成骨质角。具体而言，根据来源和结构不同，可将角分为洞角（虚角）、实角（鹿角、叉角）、叉角羚角、长颈鹿角和表皮角五种类型。

洞角，头骨的骨角（骨心）套以由表皮角质化形成的角质鞘即为洞角，角质鞘就是习惯上所说的角。洞角一般成对生长在额骨上，终生不更换，随着时间推移有不断增长的趋势。洞角为牛科动物所特有。

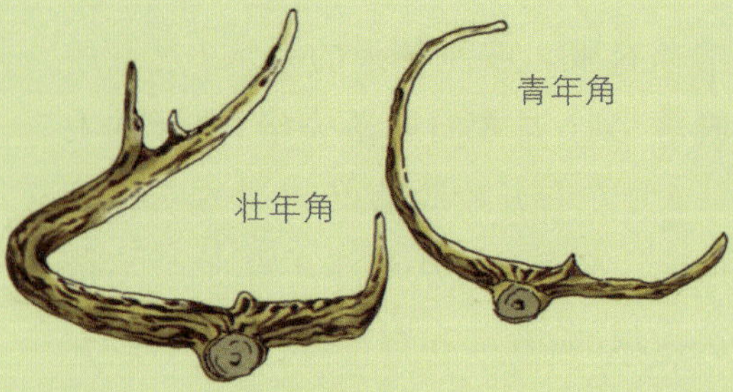

图 4-8　海南坡鹿角型

图 4-9 壮年坡鹿鹿角(崔滢供图)

实角是分叉的骨质角，没有角质鞘，由真皮骨化后穿出皮肤而形成。刚长出的实角外包有血管丰富的皮肤，通常称为茸角，如鹿茸。角长成后，茸皮逐渐老化、脱落，最后仅保留分叉的骨质角。鹿角每年周期性脱落和重新生长，这是鹿科动物的特征。除少数两性具角鹿科动物如驯鹿，或不具角鹿科动物如麝、獐之外，鹿科动物一般仅雄性具角。

叉角羚角是介于洞角与实角之间的一种角型，其骨心不分叉但角质鞘具有小叉，分叉的角鞘上有融合的毛，毛状角鞘在每年生殖期后脱换，骨心不脱落。这种角型为雄性叉角羚所特有，而雌性叉角羚仅有短小的角心而无角质鞘。

长颈鹿角是另一种比较特殊的角型，由皮肤和骨心构成，皮肤不会脱落，一直包在骨心之外，角上的皮肤与身体的其他皮肤几乎没有差别。

表皮角则是完全由表皮角质层的毛状角质纤维所组成，角中无骨质成分，为犀科动物所特有。表皮角的生长位置比较特殊，长在鼻骨正中，一般为单角，若长有双角，则两角呈前后排列，前角生于鼻部，后角生长在额部。

即使是同一种角，由于物种生长的地点不同，也会有各自不同的结构。以鹿科动物来说，生活在开阔地区的鹿类，有足够的空间进行打斗和炫耀，鹿角通常比较细长且分叉较多；而生活在低矮植物茂盛地区的小型鹿类（如麂），为防止鹿角钩到树枝而影响行动，鹿角的尺寸就比较小，分叉也比较少。除此之外，根据不同地区的特点，鹿角还会有其他功能。例如，驼鹿通常生活在比较寒冷的地区，这些地区往往会有大雪覆盖植被的现象，驼鹿就会用它别致的扇形的鹿角来铲雪，以寻找埋在雪地之下的青草。

图 4-10　青年坡鹿鹿角（崔滢供图）

表 4-1 部分鹿科动物角型特点

名称	角型
梅花鹿	角4叉,第二角位置特别高
麋鹿	角多叉,但无眉叉
白唇鹿	角扁平,4~5叉
马鹿	角6~8叉
水鹿	角3叉,眉叉与主干呈锐角
豚鹿	角3叉,细长而有眉叉
驼鹿	角呈扁平铲形
驯鹿	角型复杂多叉,雌雄都有角

图 4-11 部分鹿科动物(图片来源:维基共享资源)

除了角之外,皮肤衍生物还包括毛、鳞、爪和各种腺体,它们虽然功能不同,但其实都有同样的起源。其中,毛和爪为哺乳动物所特有,就坡鹿而言,它的蹄子实质上就是增厚的“爪”,而人类的指甲,则是一种扁平的“爪”。毛则是另一种皮肤衍生物,用于保温、散热、隐蔽等。

第三节　男女有别，长幼有序

人类分男女，动物分雄雌，我们常说男女有别，男性与女性在生理结构、外形特征等方面都存在差异。坡鹿也同样如此，雌雄坡鹿在体型大小、外形特征等方面均存在较明显的差异，这一现象被称为性别体二型现象，在鹿类身上非常普遍。性别体二型现象的存在使雌雄坡鹿在生活地点的选择、各项活动的时间分配以及结伴偏好上都存在差异。同时，就像人类在不同的生长阶段所侧重的任务会有所不同一样，随着年龄的增长，坡鹿在各项活动的时间分配上也会呈现出差异。

坡鹿的一生基本上要经历以下三

图 4-12　雌雄坡鹿体型差异明显（崔滢供图）

图 4-13 小鹿与母鹿(崔滢供图)

个阶段:幼年时期(幼体:出生~1岁)、青年时期(亚成体:1~1.5岁)以及成年时期(成体:大于1.5岁)。在不同时期,各项活动的时间分配上会呈现出差异。一般而言,幼年时期的个体大部分时间都用于休息。在这个阶段,它们还比较弱小,处于被保护的地位,不用担任警戒等工作,觅食也由母亲辅助完成,因此,主要通过休息来保存体力,使自己慢慢强壮。到了青年时期,会迎来生长发育的高峰期。此时,它们的食欲变得非常旺盛,往往花费大量的时间进食,以满足身体生长的需要。除此之外,在这一阶段,它们还要进行各种学习,迎接成年的到来。例如,亚成年的雄鹿要学习如何吸引异性,如何进行交配,它们会模仿成年雄鹿的行为,进行泥浴、爬跨等一系列动作的学习,为将来继承父业作好准备。之后坡鹿逐渐长大成熟,挑起生活的重担,雌雄之间也开始出现差异,在群体中担当不同的角色。

雌雄之间最明显的差异体现在两者的个头上,雄鹿在体重、体长等各个外形指标上都高于雌性。因此,雄性往往需要摄入更多的食物。一般而言，雄鹿每天的进食量为11~12千克，雌鹿的进食量为5~6千克。雄鹿的食量是雌鹿的两倍左右，需要更多时间进行反刍，以消化这些食物。反刍的关键一环便是瘤胃，雄鹿的瘤胃比雌鹿大，存储能力和消化能力都比较强，所以，雄鹿可以一次摄入较多食物，对食物的选择余地也更大。雌鹿往往需要花费更多时间寻找更高质量的食物，细嚼慢咽，以保证食物能很好地被消化吸收，因此，雌鹿的觅食时间一般要长于雄鹿。从雌雄之间不同的门齿宽和吻围也可以解释其不同的觅食速度。雄鹿的门齿宽和吻围均大于雌鹿，门齿宽度和吻围越大，则每口可采食的食物量也就越多，进食速率也就越快。

除了进食方面的差异，由于社会分工和体格不同，雌雄个体用于休息和警戒的时间也不相同。在坡鹿群体中，养育幼鹿的责任主要由雌鹿承担，雄鹿的职责主要是通过争斗获取更多繁衍后代的机会，让更优秀的基因流传下去；另外，雌鹿与雄鹿的体格差异较大，雄鹿往往更为强壮，还有一对鹿角作为进攻与防御的武器。因此，雌鹿由于自身的防御与进攻能力弱于雄鹿，同时为了保护幼鹿不受到伤害，往往会花费更多时间进行警戒。而同样是雌鹿，携带幼鹿的雌鹿用于警戒的时间会少于不携带幼鹿的雌鹿，这主要是携幼雌鹿基于哺乳等原因，往往需要更多营养，因此，不得不牺牲一些警戒的时间来换取更多的觅食时间。在休息方面，当交配的季节到来时，雄鹿为了获取更多的交配机会，相互之间会产生很多争斗，休息的时间就被大大削弱，显著低于雌鹿。

雌雄之间在行为习惯、活动时间上的差异，使它们更倾向于分开活动，雌性组成雌性群，雄性组成雄性群。总之，具有相似生活习惯的个体生活在一起，以免因为步调不一致而影响生活节奏。当然，雌雄之间并不是对立的双方，它们需要相互配合，承担繁衍后代的责任，因此，在繁殖的季节，它们也会聚到一起，形成混合群。雌雄之间会有分分合合，这就是坡鹿家族。

表 4-2　雌雄坡鹿体型指标比较

	雌性	雄性
体重（千克）	44.1	64.2
体长（厘米）	137.4	145.4
胸围（厘米）	75.7	82
腰围（厘米）	80.9	88.8
肩高（厘米）	78.9	86.6
臀高（厘米）	81.3	90.6
前胫长（厘米）	27.7	29.8
后胫长（厘米）	32.8	34.2
颈上围（厘米）	28.1	35.1
颈下围（厘米）	37.8	46.9
门齿宽（厘米）	4.5	5
吻围（厘米）	20.8	23.3
耳长（厘米）	13.8	14.8
尾长（厘米）	9.3	9.9
前蹄长（厘米）	4.5	5.1
后蹄长（厘米）	4.8	5.2

体重:个体获得后未经过任何处理直接测量全身重量。

体长:吻部到尾根部的长度,包括头长、颈长、胸腹长,不包括尾长。

胸围:腹部紧靠前肢部位的体周长。

腰围:腹部紧靠后肢部位的体周长。

肩高:前蹄底部到背脊的直线高度。

臀高:后蹄底部到背脊的直线高度。

前胫长:前肢膝部到前蹄根部,不包括蹄高。

后胫长:后肢膝部到后蹄根部,不包括蹄高。

吻围:嘴闭合时吻前端的周长。

门齿宽:上腭门齿的弧线宽度。

前蹄长:前蹄纵向长度。

后蹄长:后蹄纵向长度。

第五章　坡鹿家族

第一节 集体行动

作为人类，我们有时候会独处，享受独自一人的安宁与自在；有时候会单兵作战，凭一已之力完成某个目标，达成某项使命。然而，生活在同一片蓝天下，人与人之间总是会产生各种关系，在更多的情况下，只有与他人进行分工协作，才能更高效地完成各种任务和工作。

坡鹿没有人类那么复杂，它们的任务就是延续生的希望，将生命的火种代代传递。而要达成这一使命，最关键的三个要素就是充沛的食物、对敌人的防御以及新生命的孕育，要使这三个要素尽量得到满足，集体行动显然是必要的选择。

大家生活在一起，多个照应，多份

图 5-1 统一表情(崔滢供图)

图 5-2 集体行动(崔滢供图)

保护，节省了很多时间和精力。在集体中，只要有一头鹿发现好的食源，其他鹿就不必再费时费力去寻找食物；同时，大家还是彼此的护卫。如果说单兵作战需要眼观六路、耳听八方，那么在集体中，这种警戒压力就会小很多，多双眼睛多双耳朵能大大提高警戒效率，既可使每个个体的安全保障得到提升，又能减少警戒的时间。例如，在集体摄食和休息的时候，往往会有1~2头哨鹿站岗放哨，这样其他坡鹿就能比较放心地饱餐一顿或是好好休息一下，一旦发现危险，哨鹿便会“拉响警报”。到了交配的季节，坡鹿更是愿意聚集在一起，获得更多配对的机会，以繁衍后代。

当然，大家族也有大家族的烦恼。首先是食物的问题，虽然大家在一起更容易发现食物，但若觅食的坡鹿过多，一方面会使一部分坡鹿无法获得充足的食物，另一方面对食源地的横扫也可能对环境造成破坏，使其无法持续地为坡鹿供应食物。另外，大家待在一起，目标相对更大，也就更容易被发现，这是对安全不利的一个因素。总之，凡事都有利有弊，世事也不会一成不变，分分合合，才是生活的常态。

事实上，坡鹿并非一年四季都过着大集体式的群居生活，雌鹿和雄鹿都会在特定的季节隐藏起来，或单独行动，或三五结伴。雄鹿每年要换一次角，在这个时节，它们失去了最锋利的进攻和防卫武器，最好的选择就是找个合适的地方隐蔽起来，直到新角长成，才重新露面。当然，单独行动未免势单力薄，所以有时候雄鹿个体也会结成小群，既避免因目标过大而受到攻击，相互之间又能有一些照应。怀孕的雌鹿行动不便，若遇到敌情恐怕很难逃脱，所以，它们也会尽量躲藏起来，避免让敌人发现。幼鹿出生之后，有些坡鹿也会结成母子群一起行动。随着幼鹿渐渐长大，幼鹿之间也会结成群体，在嬉戏打闹中共同成长。

第二节 远亲近邻

海南岛上除了坡鹿，还有许多其他物种，它们与坡鹿共同生活在海南岛这片土地上，成为邻居；坡鹿也有许多“亲戚”，它们分布在世界各地，与坡鹿一同构成完整的鹿家族。

先来说说坡鹿的邻居们。海南岛上有陆生脊椎动物567种，包括两栖类37种、爬行类104种、鸟类344种、哺乳类82种。在这些动物中，有世界四大类人猿之一的黑冠长臂猿，有中国七大黄牛品种之一的海南黄牛，还有水鹿、猕猴、黑熊、云豹等。其中，海南黄牛是海南特有的黄牛品种，它起源于海南岛海口市的土桥，广泛分布于海南岛和雷州半岛一带，具有很强的抗热性和抗疾病能力，呈现出诸多适应海南岛本土气候和自然环境的特点。这些邻居们有些与坡鹿交往较少，有些则与坡鹿有着密切的互动。

与海南坡鹿一同生活在保护区内的亲密邻居还有缅甸蟒、赤麂、野猪、

图 5-3 变色树蜥

图 5-4　壁虎

海南兔、鹧鸪、斑鸠、穿山甲、原鸡等80余种野生动物，维管束植物则有374种[7]。赤麂、野猪和海南兔一样，都是草食动物，它们与坡鹿共享食物资源，当然，有时食物紧缺，邻里之间也难免会形成一定的竞争关系。至于蟒蛇，则是一位不怎么友善的邻居，赤麂、野猪和坡鹿等都是它的捕食对象。坡鹿与植物邻居的关系要更加微妙一些，对于一些高大的植物邻居，坡鹿常以它们为庇护所，躲避危险和日晒雨淋。灌木林和草坡则是坡鹿喜爱的栖息之所，但同时，这些灌木和草本植物也往往是坡鹿的口粮，为了避免被坡鹿无休止地蚕食自己的领地，这些植物邻居也打起了防御战，与坡鹿之间形成了有趣的互动。

海南坡鹿喜食的植物包括草本植物、阔叶木本植物、藤本植物以及一些农作物[7]。其中，鹊肾树、牛筋果、白茅和熊耳草是坡鹿尤为偏爱的食物[54]，为了避免沦为坡鹿的盘中餐，它们启动了防御机制，将自己的高度变低、叶子变小、叶片厚度增加，并增加了刺的数目和长度。

图 5-5　五脚猪（野猪与家猪的杂交品种，鼻子长得朝下，用来闻土掘食，看起来似有五只脚）（崔滢供图）

除了这些亲密的邻居，坡鹿还有许多生活在世界各地的远亲们。在中国境内，就有与坡鹿同属鹿科的许多“亲戚”，包括白唇鹿、马鹿、梅花鹿、豚鹿、水鹿、麋鹿、驼鹿和驯鹿等。这些动物的外形特点、喜栖地类型以及分布范围都各有不同，它们有些体格比较健壮，有些则比较娇小；有些喜欢居住在山间，有些喜欢在草原上活动；有些生活在寒冷地区，有些则生活在比较炎热的地方；有些喜欢单独活动，有些更喜欢群居生活。

图 5-6　缅甸蟒

图 5-7　海南双针蝎

知识驿站

协同进化

在坡鹿的压力下，相应的植物发展出了一系列防卫机制，这一现象被称为协同进化。最早提出协同进化一词的是埃利希(Ehrlich)和雷文(Raven)(1964)，他们在讨论植物和植食性昆虫的相互间进化影响时提出了这一概念，但未赋予其确切的定义。贾曾(Jazen，1980)给协同进化下了一个严格的定义：协同进化是指一个物种的性状作为对另一物种性状的反应而进化，而后一物种的这一性状本身又是作为对前一物种性状的反应而进化。物种间的协同进化，可产生于捕食者与猎物物种之间、寄生者与宿主物种之间、竞争物种之间等。

表 5-1 植物防卫机制简介

植物防卫机制	防卫方法
定量防卫	植物体内产生化学物质，这些物质在草食动物体内不断累积并抑制草食动物的食物消化。
定性防卫	植物体内产生毒性非常高的物质，只需很小剂量就能杀死草食动物。
机械防卫	植物在表面产生棘和刺，以阻碍草食动物取食。
生殖抑制	植物体内含有昆虫激素衍生物，能抑制幼虫蜕变为成虫，通过抑制昆虫的繁殖输出降低自身受到伤害的机会。
大量结实	植物在某些年份产生大量种子，通过数量的增加来保证种子的存活率。
缺失化学引诱剂	植物通过不生产草食动物需要的化学引诱剂使其不能发现自己，从而避免被采食。

事实上，植物的防卫机制有时还能为动物所用。例如，有一种叫马利筋的植物，其内含有名为强心苷的物质，这种物质会影响脊椎动物的心跳，但某些昆虫却利用了这一物质，通过食用这一植物避免了被鸟类等脊椎动物捕食。很多时候，生物界乃至整个大自然中的各类关系都是多元而变化的，对抗中可能蕴含着合作，合作中也隐藏着竞争，正是这种多元的关系，组成了我们这个丰富多彩的世界。

第六章　潜伏的危机

第一节　同宗同祖的尴尬

曾经，海南大田保护区的26头海南坡鹿是其继续繁衍生息的最后希望；如今，随着保护区的良好运作，灭绝的危险已暂时解除。然而，危机并未完全消散。

目前所有坡鹿的祖先均来自这26头坡鹿，现在的坡鹿种群因而存在“瓶颈效应”，此效应是指种群在短时间内数量剧减，种群的遗传信息完全来自某些少数个体，导致种群遗传多样性降低。另外，根据目前的研究，海南坡鹿并非土生土长，而是从隔海相望的东南亚大陆迁移而来的。可以想见，这样的迁移并不容易。很可能当年只有数量不多的个体在偶然的机会下从东南亚大陆来到海南岛上定居，之后的坡鹿种群都是由这几头偶然的“闯入者”发展而来的，这样就不可避免地存在着“奠基者效应”。该效应是指，仅有少数个体建立并发展种群时，这些个体所携带的遗传信息不能完全覆盖源种群的遗传信息。这一效应同样会导致所建立的新种群整体的遗传多样性变低。遗传多样性的丧失会使物种患遗传病的可能性增加、抵抗疾病的能力降低、生存的风险增大。另外，保护区面积有限，食物的数量也有限，随着坡鹿数量的增加，个体容易出现因食物不足而导致的营养不良，感染疾病的概率也会增加。同时，随着种群密度的提升，疾病传染的概率也会增加。总之，对于高密度和低遗传多样性的坡鹿，若不尽快研究制定营养和生态对策，任何流行病或寄生虫病都可能对坡鹿带来毁灭性的灾难。

若要避免近亲繁殖，往往需要一个适当大小的基础种群，从而保证遗传基因多样性，使坡鹿不会因偶然的突发性死亡而全军覆没，这个数量对坡鹿而言大约是1250头左右。而另据研究，大田保护区的坡鹿容纳量仅为1100头左右。

为了解决这些窘迫的问题，目前，主要采取的措施是让坡鹿搬家，将它们迁到另外的保护区生活。这一做法解决了因数量过大而造成的食物短缺、栖息环境恶化等问题，但近亲繁殖的问题则仍旧存在。迁移到其他地点的坡鹿数量往往都是十几或者几十头，由于迁移的数量不多，很容易造成“奠基者效应”，种群若经历多次奠基者效应，将加剧其遗传多样性的缺失。如何破除近亲繁殖的尴尬，让海南坡鹿能真正脱离灭绝的危险，仍旧是一个亟待解决的问题。

图 6-1　大田保护区(崔滢供图)

第二节　温室里的花朵

为了保护坡鹿免于灭绝，人类成立了专门的保护区，同时，坡鹿也被列为国家一级保护动物。保护区的建立为鹿群架设起了良好的保护网，坡鹿的生活得到了保护区工作人员各方面的照顾。工作人员通过建立围栏、哨所等方式保护坡鹿的安全，通过挖掘水池解决坡鹿在旱季缺水的问题，通过疏伐树木、种植高质量牧草、设置人工盐土等方式保证坡鹿的食物质量和营养来源。甚至针对坡鹿容易出现的疾病，也有专门人员研究预防和治疗措施，以最大限度地保证坡鹿身体的健康。

可以说，坡鹿的衣食住行处处有着人为的痕迹，在它们周围有一层无形的保护网对它们进行保护。这些坡鹿就像温室里的花朵，如果有一天失去庇护，它们是否还能安然存活下去？通过各种人为手段的干预对坡鹿形成的保护又是否会对环境造成不利影响，使环境中的其他物种以及坡鹿本身的持续生存受到阻碍？

事实上，大田保护区已经出现了这样的问题。坡鹿在持续的保护下，数量从最初的26头增加到1000多头，虽然种群数量的增加令人惊喜，坡鹿暂时从濒临灭绝的危境中被解救出来，然而，也出现了新的问题：保护区容纳量有限，过多的坡鹿导致保护区生态退化严重，草本植物的种类已从最初的200余种降到了如今的十余种。以前可以长到80厘米的可食用草，现在只长到5厘米左右就被坡鹿迫不及待地啃食干净了。同时，坡鹿不食用的草类则借机疯长，进一步蚕食坡鹿可食用植物的生存空间，最终导致恶性循环。这不仅给坡鹿自身的

图 6-2 人工养殖的坡鹿略显孤单(崔滢供图)

生存造成了危机,也给保护区中的其他草食动物带来了麻烦。为了解决这一问题,人们又采取了迁地保护的策略,将坡鹿转移到其他保护区或动物园,但适宜坡鹿生存的环境始终是有限的,不可能无限制地进行迁移。比较好的解决方法或许应该是,人类不要进行过多干预,让生态环境自己作出平衡和选择,但长期受到保护的海南坡鹿是否还能适应纯粹的野生环境呢?

海南坡鹿的生活方式可以分为四种:圈养、半野放、野放和野生。圈养种群生活在面积相对较小的栏舍内,主要依靠人工投食喂养以维持生存。半野放种群生活在有围栏保护的栖息地内，受到人为管理，也可以相对自由地活动和采食。野放种群主要由经过半野放或圈养管理的个体组成，但已经生活在自然状态下，没有任何人为设施限制其活动。野生种群生长或生活在自然状态下，由没有经过驯化或培养的个体组成。目前，野生的坡鹿已经绝迹，坡鹿的生活方式只剩下了圈养、半野放和野放三种。这三种方式都有着人为干预的痕迹。其中，圈养方式受人为影响最为严重，导致坡鹿在形态、行为、生理状态等方面都发生变化，容易产生不能正常繁殖等行为障碍，也缺乏野外生存所必需的觅食、躲避天敌等技巧。而半野放的坡鹿也往往会存在野性不够的现象，导致种群退化。这些个体如果有一天失去庇护，很有可能丧失继续生存下去的能力，而使整个种群重新面临灭绝的危险。

人类为了补救自身的过失，建立起了保护坡鹿的“温室”，使坡鹿成为了“温室中的花朵”，然而，“花朵”要如何走出温室又成了一个新的问题摆在大家面前。这一问题如何解决？人类能否想出应对之策？

知识驿站

过犹不及

在乌克兰草原上，人们曾经为了保护一种原始的针茅，而禁止一切放牧活动。刚开始的时候，针茅由于没有了采食者而迅速生长，迅猛的长势甚至将草原上的其他杂草都“赶”出了这片土地。然而，好景不长，由于当地气候非常干旱，过度繁茂的针茅留下大量残体，这些残体在干旱的气候条件下很难被迅速分解，从而形成一层致密的残体层覆盖在草原表面。这使新生的针茅嫩枝很难继续发芽，导致其大面积死亡。这时，适应性更强的杂草卷土重来，彻底占据了整块草原。此时若想重新恢复针茅草原，则需要经过15~20年的自然演替过程。所谓过犹不及，有时候，为了保护某一物种而采取的保护措施，反而会适得其反。

第三节　路漫漫其修远兮

坡鹿从岌岌可危到脱离险境，人类花费了巨大的心力，然而，当年也正是人类，将坡鹿推入岌岌可危的境地。可以说，是人类将坡鹿逼到绝境，又将坡鹿从绝境带向重生。这样的保护究竟是一种觉醒，还是人类对大自然的一种权宜之计？若有一天，坡鹿又如同牛羊般漫山遍野，人类究竟是否会懂得更友善、更克制地处理自己与坡鹿的关系？还是仍旧会大开杀戒，直到意识到自己的行为会威胁到自身生存，才想起收手？

海南坡鹿喜欢栖息于平原地带，这一地带开阔便捷，水草丰美，便于活动，易于觅食。然而，也正是由于这样的特性，当人口数量增多、人类活动范围增大后，这一地带才为人类所看重，成为人类农牧业生产的重要场所。如此这般，坡鹿的喜栖地与人类的活动地便产生了重合。这也是坡鹿曾一度濒临灭绝的诱因之一，诱因之二则是坡鹿身上所蕴藏着的巨大的经济价值。如今，通过一系列保护措施，坡鹿暂时摆脱了灭绝的危险。然而，这两大诱因并未完全消除。事实上，迄今为止，保护区的盗猎活动仍旧没有完全被杜绝，偷猎所带来的巨大经济利益，使得有些人仍旧愿意铤而走险。而随着人口膨胀，保护区土地与农业生产之间的矛盾也是需要解决的问题。

图 6-3　护林员巡逻时发现的捕兽夹

同时，坡鹿保护还一直受到经费不足等问题的困扰。长期以来，坡鹿保护所需资金来源渠道不是十分顺畅，各保护区（站）的资源管理与保护、自身建设和科研监测等工作停留在较低水平上，整个保护队伍不论是在人数还是专业技术水平上都比较薄弱，严重制约了保护管理工作的正常开展，使得就地保护工作和迁地保护工作的推进都比较艰难，不利于坡鹿保护的持续健康发展。例如，坡鹿的野放其实是坡鹿真正实现自我保护的关键一步，是坡鹿真正脱离灭绝危险的重要途径，然而，由于人员和资金等问题，目前对野放坡鹿种群的数量动态、扩散距离和分布范围等情况都知之甚少，这显然不利于野放工作的进一步开展。

一面是巨大的经济利益和生存需求的驱使，另一面则是捉襟见肘的经费，可以说，对海南坡鹿的保护，乃至对整个环境的保护工作仍旧任重而道远……

图 6-4　悠然自得（崔滢供图）

图 6-5　黄昏后坡鹿都会陆续回到林中(崔滢供图)

附　表

附表 1　海南坡鹿雌雄幼鹿主要生长指标

指标	性别	初生	初生~3月龄	3~6月龄	6~9月龄	9~12月龄
体重（千克）	雄	5	6	8	9	10
	雌	4	6	7	8	8
体长（毫米）	雄	590	664	711	742	764
	雌	578	658	704	735	747
肩高（毫米）	雄	410	447	478	497	511
	雌	415	464	483	499	513
臀高（毫米）	雄	425	473	497	514	532
	雌	430	482	503	518	534
胸围（毫米）	雄	370	414	442	463	485
	雌	370	418	439	457	473

附表 2　海南坡鹿幼鹿各成长阶段饮食情况

成长阶段		哺乳成功率	饮食方式	饮食姿态	饮水行为	饮食时长	有无节律
第一阶段	10天以内	100%	吮乳	/	无	/	无
	10~20天	100%	吮乳 试探性啃食嫩草	尝试站立取食	无	/	无
	20天以后	72.73%	吮乳(由母鹿召唤)	站立式(主要) 走动式(偶尔) 躺卧式(出现)	无	占白天总活动时间的25%左右	无明显节律
第二阶段		68.57%	食草(紧随母鹿) 吮乳(幼鹿主动靠近母鹿)	站立式> 走动式> 躺卧式	有	占白天总活动时间的40%左右	有,高峰时段: 9~12点 14~18点
第三阶段		47.37%	食草(偶尔尝试单独行动) 吮乳(幼鹿主动靠近母鹿,逐渐断乳)	站立式> 走动式> 躺卧式	有	占白天总活动时间的45%左右	有,高峰时段: 9~12点 14~18点

附表 3　海南坡鹿幼鹿各成长阶段反刍情况

<table>
<tr><th colspan="2">成长阶段</th><th>反刍行为</th><th>反刍姿态</th><th>反刍时长</th><th>有无节律</th></tr>
<tr><td rowspan="2">第一阶段</td><td>18天左右</td><td>出现反刍行为</td><td>主要为躺卧式</td><td rowspan="2">占白天总活动时间的10%左右</td><td rowspan="2">无明显节律</td></tr>
<tr><td>25天左右</td><td>反刍行为出现频繁，反刍时紧靠母鹿</td><td>开始出现站立式</td></tr>
<tr><td colspan="2">第二阶段</td><td>用于反刍的时间增加，反刍时离母鹿较近</td><td>躺卧式为主，站立式较少见</td><td>占白天总活动时间的20%左右</td><td>有，高峰时段：11~12点 13~14点</td></tr>
<tr><td colspan="2">第三阶段</td><td>用于反刍的时间趋于稳定，逐渐离开母鹿独自反刍</td><td>躺卧式为主，站立式较少见</td><td>占白天总活动时间的25%左右</td><td>有，高峰时段：11~12点 13~14点</td></tr>
</table>

附表 4　海南坡鹿幼鹿各成长阶段休息情况

<table>
<tr><th colspan="2">成长阶段</th><th>休息方式</th><th>休息时长</th><th>有无节律</th></tr>
<tr><td rowspan="2">第一阶段</td><td>1~10天</td><td>独自隐蔽休息</td><td rowspan="2">占白天总活动时间的50%左右</td><td rowspan="2">无明显节律</td></tr>
<tr><td>10~30天</td><td>偶尔跟随母鹿走出隐蔽地点，到别处休息，休息时紧靠母鹿</td></tr>
<tr><td colspan="2">第二阶段</td><td>用于休息的时间减少，休息时有时会远离母鹿</td><td>占白天总活动时间的30%左右</td><td>有，高峰时段：8~9点 15~16点</td></tr>
<tr><td colspan="2">第三阶段</td><td>用于休息的时间进一步减少，逐渐离开母鹿独自休息</td><td>占白天总活动时间的25%左右</td><td>有，高峰时段：8~9点 15~16点</td></tr>
</table>

附表 5　海南坡鹿幼鹿各成长阶段运动情况

成长阶段	运动情况	运动时长	有无节律
第一阶段	偶尔运动	占白天总活动时间的6%左右	无明显节律
第二阶段	用于运动的时间增加	占白天总活动时间的10%左右	有，高峰时段：12~14点
第三阶段	用于运动的时间减少	占白天总活动时间的8%左右	有，高峰时段：12~14点

附表 6　海南坡鹿幼鹿各成长阶段站立情况

成长阶段	站立情况	站立时长	有无节律
第一阶段	偶尔站立	占白天总活动时间的3%左右	无明显节律
第二阶段	用于站立的时间增加	占白天总活动时间的5%左右	无明显节律
第三阶段	用于站立的时间减少	占白天总活动时间的3%左右	无明显节律

附表 7　海南坡鹿幼鹿各成长阶段警戒情况

成长阶段	站立情况	站立时长	有无节律
第一阶段	具有警戒行为	占白天总活动时间的3%左右	无明显节律
第二阶段	用于警戒的时间减少	占白天总活动时间的2%左右	无明显节律
第三阶段	用于警戒的时间进一步减少	占白天总活动时间的1%左右	无明显节律

附表 8　海南坡鹿幼鹿各成长阶段其他行为情况

成长阶段	基本情况	时长	有无节律
第一阶段	具有其他行为	占白天总活动时间的3%左右	无明显节律
第二阶段	用于其他行为的时间减少	占白天总活动时间的2%左右	无明显节律
第三阶段	用于其他行为的时间进一步减少	占白天总活动时间的1%左右	无明显节律

附表 9　部分鹿科动物简介

名称	体重(千克)	喜栖地	外形特点	活动特点	分布位置
梅花鹿	100	林间草地	夏毛多鲜明的白色斑点	成小群活动	中国东北、长江中下游南部山区、台湾省，日本，西伯利亚东南部
麋鹿	150	沼泽环境	尾巴长度超过60厘米，是鹿类中尾巴最长的种类		
白唇鹿	200	4000米左右的高山林带	体毛粗硬厚密，尾巴短(不足5厘米)	成群活动	青藏高原
马鹿	250	混交林 森林草原	夏毛赤褐色，臀部黄或白色	群居	中国东北、内蒙及西北地区，西欧，非洲西北，北美
水鹿	200	阔叶林 季雨林 稀疏草原	全身暗褐或浅棕色，尾短而密生黑色长毛	单独或成对活动	中国江西省中部往南至台湾省，西至川西、云南省，印度，中南半岛及菲律宾，斯里兰卡
豚鹿	50	潮湿环境	体型粗壮，四肢相对较短	多单独活动	中国云南省，印度西北至中南半岛及以南地区
驼鹿	700	湖沼附近的森林，喜水	上唇宽大，突出；喉部有肉柱	多独居	中国大兴安岭一带，斯堪的纳维亚半岛至西伯利亚东部，阿拉斯加和北美
驯鹿	100		尾白色，颈部毛灰白色或白色	成大群迁徙	加拿大，阿拉斯加和格陵兰

后记

历时一年多，此书几易其稿，终于和大家见面了。作为年轻的科普工作者，能撰写这样一本科普图书，我们感到非常荣幸，同时，也受益良多。

对于这本关于海南坡鹿的科普读物，我们力求在科学严谨的前提下，使之内容通俗易懂，生动有趣。进一步而言，要做好对珍稀动物的科普工作，除了要让更多人了解珍稀动物的习性和特点之外，也有责任让更多人了解“珍稀”的意义。说起来不难，但实践起来着实不易。我们查阅了大量文献资料，数次拜访专家，并前往海南当地进行实地考察，以确保书稿的内容忠实于科学事实。同时，我们也花费了大量精力对书稿的内容和体系结构进行设计和调整，尽力实现故事化的描述，以求用生动有趣的表达，增加读者的阅读兴趣。希望读者在阅读过程中，不仅能对海南坡鹿产生更多了解，萌生更多喜爱，也能思考人与动物、人与自然的关系。希望本书能让更多人关注珍稀物种，关心我们身边的环境。

在创作过程中，我们深感科普工作之不易，本书得以顺利出版，仅靠我们两位作者也绝不能够达成。本书作为《中国珍稀物种探秘丛书》的分册，离不开上海市科学技术委员会、上海科普教育发展基金会以及上海科技馆的大力支持。同时，我们也要感谢众多领导、同仁和专家的支持和帮助。感谢丛书主编王小明教授对本书提供的诸多宝贵建议，为我们的撰写指明了方向。特别感谢宋延龄教授从前期准备到后期校稿的整个过程都给予我们悉心的指导，为本书的科学性提供了保障。感谢海南大田自然保护区的周海龙局长为我们的实地考察提供了极大的帮助及支持，使我们对海南坡鹿有了最直观的认识。感谢海南大学史海涛教授对书中涉及的两爬生物知识给予的指点，使我们得以真实地描写出海南坡鹿的生活环境。感谢保护区全体护林员的经验分享，让我们深受启发。感谢上海科技馆的何娅博士介绍了大量关于鹿类的基本知识，使我们对海南坡鹿的资料搜集后续整理更为顺畅。感谢上海科技馆的国家一级摄影师崔滢先生提供的珍贵图片资料，使海南坡鹿的形象得以直观地呈现，弥补了我们在写作上的不足。本书中未注明出处的绘图均由上海科技教育出版社提供，其余未注明出处的图片均来自科普纪录片《海南坡鹿》的影片截图，在此向影片的制作方上海科技馆和上海真实传媒有限公司表示感谢。感谢为本书出版辛勤工作的王乔琦编辑和殷晓岚编辑。还要感谢我们的部门领导以及周围的同事，没有他们在我们的写作过程中所给予的鼓励和帮助，我们不可能始终以饱满的热情和集中的精力完成书稿的撰写工作。

书稿的撰写已经告一段落，但我们的科普之路远没有结束，我们将继续努力，为科普事业略尽绵薄之力。

限于作者的能力与水平，书中难免有疏漏与不足之处，敬请各位读者批评指正！

庄智一　张维赟

2016年2月

参考文献

[1] 陈凯旋，王春晓，梁昌强，王华伟，林洪珍．海南坡鹿采食植物初步研究．热带林业，2007，35(4)：25~27

[2] 杜丽，王凤阳，吴科榜，林杰才，满初．海南动物基因资源的保护及其利用．海南大学学报（自然科学版），2008，26(1)：86~88

[3] 范南虹．海南坡鹿：从濒危到新生．海南日报，2009-12-2(6)

[4] 符明利，任轶，侯荣，林思亮．蟒蛇种群动态、空间分布对海南坡鹿种群动态的影响．野生动物学报，2013，34(1)：40~42

[5] 侯扶江，常华生，于应文．我国鹿况简介．草业科学，2003，20(11)：47~50

[6] 孔令明．海南坡鹿线粒体基因组特征及在鹿科动物系统演化过程中的地位．济南：山东大学，2010

[7] 李大宁．植物对海南坡鹿采食的防御反应的初步研究．济南：山东大学，2006

[8] 李淑玲，马逸清．中国鹿文化的始源与演变．东北林业大学学报（社会科学版），2009，7(5)：75~78

[9] 李治深，周圻．论海南坡鹿的保护及对策．海南大学学报（自然科学版），1995，13(3)：221~225

[10] 林贤梅．海南坡鹿疾病发生的一般规律与防治对策．野生动物学报，2008，29(4)：174~176

[11] 刘飞．哺乳期海南坡鹿昼间行为节律及时间分配研究．长沙：中南林业科技大学，2009

[12] 刘飞，聂海燕．降雨对海南坡鹿昼间行为节律的影响．江西农业学报，2009，21(4)：92~94

[13] 刘志涛，丁建华，宋延龄，曾治高，张琼．雄性海南坡鹿发情期泥浴、沙浴行为及其在繁殖中的作用．动物学报，2007，53(3)：417~424

[14] 卢学理，袁喜才，李善元，张海．海南坡鹿恢复生态学研究进展．生物学通报，2007，42(7)：10~11

[15] 卢学理，袁喜才，李善元，张海．海南坡鹿迁地保护现状与建议．野生动物学报，2007，28(2)：43~45

[16] 卢学理，袁喜才，彭建军，李善元，张海．海南坡鹿种群发展动态与保护建议．四川动物，2008，27(1)：138~141

[17] 卢学理，张春兰，张海，符运南，赵仁东，袁喜才．猴猕岭野放坡鹿种群与栖息地现状．热带林业，2008，36(1)：49~51

[18] 蒙以航．海南坡鹿的活动时间分配及其活动预算假说的验证．海口：海南师范大学，2008

[19] 莫卓东，夏晓潮，邹洁建，陈武．海南坡鹿在广州地区的饲养与繁殖．广东林业科技，2012，28(4)：77~79

[20] 聂海燕，宋延龄，郑友风，曾冶高，张谅，符大亮．海南坡鹿种群生活史特征及种群动态趋势预测．兽类学报，2009，29(1)：20~25

[21] 盛和林，王培潮，陆厚基，祝龙彪．哺乳动物学概论．上海：华东师范大学出版社，1985

[22] 史海涛，王勤军，叶芳

云. 海南坡鹿的兴衰与反思. 生物学通报,2000,35(10):4~6

[23] 宋延龄,李善元. 海南坡鹿集群习性的研究. 兽类学报,1990,10(2):104~109

[24] 宋延龄,李善元. 海南坡鹿仔鹿对卧息地的选择. 兽类学报,1991,11(3):161~l64

[25] 宋延龄,李善元. 海南坡鹿的食性研究. 兽类学报,1992,12(4):248~254

[26] 宋延龄,李善元. 海南大田自然保护区海南坡鹿种群动态研究. 动物学报,1992,38(2):165~171

[27] 宋延龄,李善元. 海南坡鹿围栏种群动态与食物资源关系的初步分析. 兽类学报,1993,13(3):161~165

[28] 宋延龄,李善元. 海南大田国家级自然保护区海南坡鹿容纳量的研究. 动物学报,1995,41(3):275~281

[29] 宋延龄,苏晓杰. 坡鹿保护三十年. 森林与人类,2006,(5):54~65

[30] 宋延龄,曾治高. 保护区在濒危物种保护中的关键作用:以海南坡鹿为例. 中国生物多样性保护与研究进展Ⅵ:第六届全国生物多样性保护与持续利用研讨会论文集. 北京:气象出版社,2001,150~154

[31] 孙丽风,滕丽微,张琼,曾冶高,潘多,宋延龄. 海南坡鹿对采食场地及食物的选择. 动物学杂志,2009,44(3):36~42

[32] 孙儒泳. 动物生态学原理. 第三版. 北京:北京师范大学出版社,2001

[33] 王丽冰. 野放海南坡鹿的行为格局与生境评价. 长沙:湖南师范大学,2010

[34] 王丽冰,卢学理,颜亨梅,袁喜才,陶福文,赵仁东. 野放海南坡鹿的群大小与组成及社群分离. 四川动物,2010,29(3):368~371

[35] 王丽冰,颜亨梅,卢学理,袁喜才,陶福文,赵仁东. 海南猴猕岭自然保护区野放海南坡鹿的生境选择. 四川动物,2010,29(6):929~932

[36] 王力军,洪美玲,陈兴军. 不同饲养条件下海南坡鹿幼体春季昼间行为时间分配及活动节律. 兽类学报,2005,25(1):9~13

[37] 王潜. 拯救坡鹿:一段难忘的动人经历. 光明日报,2006-3-30(6)

[38] 吴军,符家诗. 简述海南坡鹿资源保护研究现状. 热带林业,2012,40(4):8~13

[39] 杨勇,王槐毓,吴长辉. 拯救坡鹿,令人难忘的行动. 海南日报,2010-5-7(6)

[40] 袁喜才,陈万成,李善元. 海南坡鹿活动习性的研究. 东北林业大学学报,1992,20(2):102~107

[41] 袁喜才,符国瑗. 海南坡鹿食性的研究. 东北林业大学学报,1990,18(1):66~71

[42] 袁喜才,卢柏威,李善元. 海南坡鹿繁殖习性的研究. 兽类学报,1988,8(2):89~94

[43] 袁喜才,云大兴. 坡鹿幼仔驯养与生长发育. 野生动物学报,1995(6):32~35

[44] 袁喜才,李善元. 海南坡鹿对生境的选择. 生态科学,1996(1):52~56

[45] 袁喜才,薛成,云大兴,王春晓,李善元. 海南坡鹿就地保护和迁地保护现状. 野生动物学报,2001,22(1):6~8

[46] 曾治高,宋延龄,李善

元，张海，龙斌，吴强．海南坡鹿雄鹿发情期的吼叫行为及其在繁殖中的意义．动物学报：英文版，2001，47(5)：481~487

[47] 张利存．不同生境条件下海南坡鹿性别分离的对比研究．海口:海南师范大学，2007

[48] 张琼，曾治高，孙丽凤，宋延龄．海南坡鹿的起源、进化及保护．兽类学报，2009，29(4):365~371

[49] 张琼，吉亚杰，曾治高，宋延龄，张德兴．奠基者效应对海南坡鹿迁地保护种群遗传多样性的影响．动物学杂志，2007，42(3):54~60

[50] 赵江红，杨晓玲．海南坡鹿的现状及保护对策．林业资源管理，2004，(3):40~43

[51] 周圻，陈亚明，何瑞国，李翔，严红明，符运南．草本和灌木的养分含量及其与海南坡鹿食性的关系．草业学报，2004，13(3):97~102

[52] 周圻．海南坡鹿饲草养分含量比较．草业科学，2005，22(10):64~67

[53] 周圻．草本和灌木类饲草的营养价值与海南坡鹿对饲草选择性的关系．武汉:华中农业大学，2005

[54] 周圻，何瑞国，李翔，韩杜，李善元，林贤梅．海南坡鹿饲草粗蛋白质和微量元素含量与喜食性的关系．草地学报，2004，12(1):36~39

[55] 周圻，黄晓英，何瑞国，李翔，韩杜，林贤梅．围栏内海南坡鹿饲草相对可采食资源量测定．草业科学，2004，21(11):56~59

[56] Balakrishnan C N, Monfort S L, Gaur A, Singh L, Sorenson M D. Phylogeography and conservation genetics of Eld's deer(*Cervus eldi*). *Molecular Ecology*, 2003, 12(1): 1~10

[57] Pang J F, Hoelzel R, Song Y L, Zeng Z G, Zhang Y P. Lack of mtDNA control region variation in Hainan Eld's deer: Consequence of a recent population bottleneck? *Conservation Genetics*, 2003, 4(1):109~112

[58] http://baike.baidu.com/subview/21540/8493782.htm#3

图书在版编目(CIP)数据

琼岛遗珠:海南坡鹿 / 庄智一,张维赟编著. —
上海:上海科技教育出版社,2016.6
（中国珍稀物种探秘丛书）
ISBN 978-7-5428-6410-9

Ⅰ. ①琼… Ⅱ. ①庄… ②张… Ⅲ. ①鹿科—中国—
普及读物 Ⅳ. ①Q959.842-49

中国版本图书馆CIP数据核字(2016)第078980号

丛书策划:叶 剑 王世平
责任编辑:王乔琦 殷晓岚
装帧设计:杨 静

中国珍稀物种探秘丛书

琼岛遗珠——海南坡鹿

庄智一 张维赟 编著

出版发行:上海世纪出版股份有限公司
上 海 科 技 教 育 出 版 社
（上海市冠生园路393号 邮政编码200235）
网　　址:www.ewen.co www.sste.com
经　　销:各地新华书店
印　　刷:上海中华印刷有限公司
开　　本:787×1092 1/24
字　　数:80 000
印　　张:4
版　　次:2016年6月第1版
印　　次:2016年6月第1次印刷
书　　号:ISBN 978-7-5428-6410-9/Q·63
定　　价:32.00元